“十三五”国家重点出版物出版规划项目

城市地下综合管廊建设与管理丛书

城市地下综合管廊运营管理手册

油新华　郑立宁　曲连峰　等编著

U0250538

中国建筑工业出版社

图书在版编目(CIP)数据

城市地下综合管廊运营管理手册/油新华等编著.
—北京:中国建筑工业出版社,2018.12 (2024.3重印)
(城市地下综合管廊建设与管理丛书)
ISBN 978-7-112-23006-8

Ⅰ.①城… Ⅱ.①油… Ⅲ.①市政工程-地下管道-运营管理-手册 Ⅳ.①TU990.3-62

中国版本图书馆 CIP 数据核字(2018)第 269199 号

本书共 11 章，内容包括：概述；运营管理体系建设；组织架构和人力资源管理；管线入廊及验收管理；入廊费及日常维护费管理；土建结构管理；附属设施管理；入廊管线管理；安全及应急管理；绩效考核及评价；统一管理平台。本书对城市地下综合管廊运营管理进行了系统的介绍，在附录中提供了大量运营管理方面的规章制度和流程表格等，以期更好更快地提高综合管廊的运营管理水平。

本书适用于从事综合管廊建设、运营、维护工作的技术和管理人员参考使用，也可作为综合管廊运营维护人员的培训用书。

责任编辑：万 李 范业庶
责任校对：张 颖

"十三五"国家重点出版物出版规划项目
城市地下综合管廊建设与管理丛书
城市地下综合管廊运营管理手册
油新华 郑立宁 曲连峰 等编著

*

中国建筑工业出版社出版、发行（北京海淀三里河路 9 号）
各地新华书店、建筑书店经销
北京佳捷真科技发展有限公司制版
北京凌奇印刷有限责任公司印刷

*

开本：787×1092 毫米 1/16 印张：13½ 字数：332 千字
2018 年 12 月第一版 2024 年 3 月第二次印刷
定价：**42.00** 元
ISBN 978-7-112-23006-8
(33090)

版权所有 翻印必究
如有印装质量问题，可寄本社退换
（邮政编码 100037）

前　言

从 1958 年北京市天安门广场下的第一条管廊开始，我国的城市综合建设经历了概念阶段、争议阶段、快速发展阶段和赶超创新阶段，目前已经成为了名副其实的城市综合管廊超级大国。截至 2015 年年底我国已建和在建管廊 1600km，2016 年和 2017 年都完成了开工建设 2000km 以上的目标，按原计划预计到 2020 年建设总里程将达到 10000km，并将建成一批具有国际先进水平的地下综合管廊并投入运营。

虽然我国目前的管廊建设规模居世界之首，但是最近几年建设的管廊都未进入运营管理期，以前建好的项目大都运营状况不好，因此在运营管理方面尚无成熟的经验可以借鉴。特别是 2016 年以来，管廊建设的蓬勃发展，使得政府和央企更多地关注于立项和中标，没有精力研究合理的规划设计和高效的运营管理；同时建设规模的过度增长，运营管理人员的极度缺口都给运营管理带来极大的困难。

经过多年的努力，管线入廊难的问题基本已经解决，但是收费难的问题仍在困扰着目前的 PPP 公司，如何收？收多少？收不上来怎么办？一直是 SPV 公司与管廊租赁使用的管线产权单位利益博弈的焦点。但是现在仍没有一个国家层面的法律法规出台，使得靠合同制约政府相关部门的方式变得难上加难。

目前在综合管廊的后期运营管理的热点问题就是智慧管理，但是对于智慧管理的理解没有一个统一的认识，目前急需的附属设施系统特别是监控报警系统方面还没有一个统一的标准，使得各地政府对管廊的监控运维标准的要求各不相同，给 PPP 项目公司决策带来困难，也使得下游的软硬件企业无所适从。

管廊建设的蓬勃发展，需要更加智慧的管理平台。虽然目前很多军工、航天、煤矿等一系列优秀的监控报警企业纷纷转向管廊的智慧管理，特别是在传感器、自动巡检、数据收集、虚拟技术、管控平台等方面都出现了一些优秀代表，但是真正基于 BIM 和 GIS 的全寿命智慧管理平台还没开发出来，国内出现的几大智慧平台或多或少地存在这样那样的问题，目前实现智慧化运行管理的技术手段进展有待突破。

十四五期间，我国综合管廊将进入全面的运营管理时期，不可避免地面临着各种各样的问题和挑战。本书的目的即是为了普及综合管廊运营管理方面的基本知识，尽可能地提供运营管理方面的规章制度和流程表格等管理手段，更好更快地提高综合管廊的运营管理水平。

本书共分 11 章，第 1 章概述，重点介绍了我国城市综合管廊建设发展概况以及运营管理方面存在的问题和挑战；第 2 章介绍了运营管理的体系建设；第 3 章介绍了运营管理所需要的组织架构和人力资源；第 4 章介绍了管线如何入廊和验收；第 5 章介绍了如何收取费用及日常维护；第 6 章介绍了土建结构的维修和保养；第 7 章介绍了附属设施的管理；第 8 章介绍了主要入廊管线的管理；第 9 章介绍了安全和应急管理；第 10 章介绍了对管廊的运营管理如何进行业绩考核；第 11 章重点介绍了统一管理平台的各种要求。

本书由中国市政工程协会综合管廊建设及地下空间利用专业委员会组织编写，中国建筑股份有限公司技术中心的油新华，中建地下空间有限公司的郑立宁、王建和中建西安管廊投资发展有限公司的曲连峰、罗朝洪、蒋峰等人参加编写，并得到了中建集团科技研发项目（CSCEC-2016-Z-20）等项目的资助，在此表示衷心的感谢。

在本书的编写工程中，得到了中国建筑股份有限公司科技部蒋立红总经理的大力支持，得到了珠海大横琴城市综合管廊运营管理有限公司闫立胜总经理的认真指导，在此一并表示感谢！

虽然本书作者前期调研了国内大量已运营的项目案例，但是由于国内管廊建设情况的复杂性，各地情况的特殊性以及作者的水平有限，书中难免存在错误和疏漏，敬请专家、同行和读者批评指正，以便我们在后期再版时进行修改完善。

目　录

第1章　概述 …… 1

1.1　城市综合管廊的基本概念 …… 1

1.2　我国城市综合管廊的建设发展概况 …… 5

1.3　我国综合管廊运营管理现状及挑战 …… 8

本章参考文献 …… 9

第2章　运营管理体系建设 …… 10

2.1　运营管理目标及保证措施 …… 10

2.1.1　管理目标 …… 10

2.1.2　保证措施 …… 10

2.2　运营管理模式 …… 12

2.3　运营管理内容 …… 13

2.4　运营管理体系 …… 14

2.5　运营管理制度 …… 14

第3章　组织架构和人力资源管理 …… 18

3.1　组织架构设置 …… 18

3.2　岗位职责 …… 18

3.3　人力资源招聘 …… 19

3.4　入职培训和转正 …… 20

3.5　绩效考核 …… 21

3.6　人才培养及团队建设 …… 21

第4章　管线入廊及验收管理 …… 23

4.1　准备工作 …… 23

4.2　土建和附属设施的验收 …… 23

4.3　管线入廊及验收管理 …… 25

第5章　入廊费及日常维护费管理 …… 32

5.1　入廊费分析 …… 32

5.1.1　入廊费测算原则 …… 32

5.1.2　测算方法 …… 32

5.2　日常维护费分析 …… 33

5.2.1 维护费用构成 …… 33
5.2.2 维护费分摊 …… 34
5.3 费用收取 …… 37
5.4 费用支出 …… 38

第6章 土建结构管理 …… 39

6.1 日常巡检与监测 …… 39
6.1.1 日常巡检 …… 39
6.1.2 日常监测 …… 40
6.2 维修保养 …… 41
6.2.1 土建结构保养 …… 41
6.2.2 土建结构维修 …… 41
6.3 专业检测 …… 42
6.3.1 专业监测要求 …… 42
6.3.2 专业监测内容与方法 …… 42
6.4 结构状况评价 …… 44
6.4.1 评价方法 …… 44
6.4.2 土建结构劣损状况值划分 …… 45
6.4.3 健康状况分类及处理措施 …… 48
6.5 结构修复管理 …… 48
6.5.1 保养、小修 …… 48
6.5.2 中修工程 …… 49
6.5.3 大修工程 …… 49
6.5.4 大中修的要求 …… 49
6.5.5 大中修的内容 …… 50

第7章 附属设施管理 …… 51

7.1 日常巡检内容 …… 51
7.2 维护保养原则 …… 55
7.3 消防系统管理 …… 55
7.3.1 维护项目与周期 …… 55
7.3.2 维护检测方法及质量要求 …… 56
7.4 通风系统管理 …… 57
7.4.1 维护项目与周期 …… 57
7.4.2 维护检测方法及质量要求 …… 57
7.5 排水系统管理 …… 58
7.5.1 维护项目与周期 …… 58
7.5.2 维护检测方法及质量要求 …… 59
7.6 供电系统管理 …… 60

7.6.1　维护项目与周期 …… 60
7.6.2　维护检测方法及质量要求 …… 62
7.7　照明系统管理 …… 65
7.7.1　维护项目与周期 …… 65
7.7.2　维护检测方法及质量要求 …… 65
7.8　监控与报警系统管理 …… 65
7.8.1　监控中心机房 …… 65
7.8.2　计算机及网络系统 …… 66
7.8.3　视频监控系统 …… 67
7.8.4　廊内监控设备 …… 68
7.8.5　传输线路 …… 69
7.8.6　通信系统 …… 69
7.9　标识系统管理 …… 70

第8章　入廊管线管理 …… 71

8.1　一般规定 …… 71
8.2　电力电缆 …… 71
8.2.1　电力电缆巡检频率及要求 …… 71
8.2.2　电力电缆巡查重点 …… 72
8.3　通信缆线 …… 72
8.3.1　通信缆线巡检周期 …… 72
8.3.2　通信缆线巡检内容 …… 72
8.4　热力管道 …… 73
8.4.1　热力管道的巡检周期及巡检重点 …… 73
8.4.2　热力管道的日常巡检内容 …… 73
8.5　燃气管道 …… 73
8.5.1　燃气管道的巡检周期及巡检重点 …… 73
8.5.2　燃气管道定期检查规定 …… 73
8.6　给水、再生水管道 …… 74
8.6.1　给水、再生水管道的巡检周期和维修施工注意事项 …… 74
8.6.2　给水、再生水管道的巡检内容 …… 74
8.7　排水管渠 …… 74
8.7.1　排水管渠的巡检周期和巡检重点 …… 74
8.7.2　排水管渠的日常巡检内容 …… 75
8.7.3　排水管渠状况检查 …… 75

第9章　安全及应急管理 …… 76

9.1　概述 …… 76
9.2　安全管理 …… 76

9.2.1　安全管理体系 …… 76
9.2.2　岗位职责 …… 76
9.2.3　运营安全隐患排查、跟踪、治理管理流程 …… 77
9.3　应急管理 …… 77
9.3.1　应急组织机构 …… 77
9.3.2　职责分工 …… 78
9.3.3　预警与信息报告 …… 78
9.3.4　应急响应 …… 79
9.3.5　应急结束 …… 83
9.3.6　信息发布 …… 83
9.3.7　后期处理 …… 83
9.3.8　应急保障措施 …… 84
9.3.9　宣传、培训与演练 …… 84
第10章　绩效考核及评价 …… 86
10.1　考核目标 …… 86
10.2　考核机制 …… 87
10.2.1　考核办法 …… 87
10.2.2　工作机制 …… 87
10.3　评价机制 …… 87
第11章　统一管理平台 …… 92
11.1　总体要求 …… 92
11.2　基本功能定位 …… 92
11.3　总体架构设计 …… 93
11.4　硬件系统 …… 94
11.5　软件系统 …… 95
11.5.1　软件架构 …… 95
11.5.2　关键技术介绍 …… 95
11.5.3　软件功能实现 …… 100
11.6　网络及数据安全 …… 108
11.6.1　网络安全 …… 108
11.6.2　数据安全 …… 109
附录：相关管理流程和管理制度 …… 110
参考文献 …… 205

第1章　概述

1.1　城市综合管廊的基本概念

地下综合管廊，又称共同沟（英文为“Utility Tunnel”），就是指将两种以上的城市地下管线（即给水、排水、电力、热力、燃气、通信、电视、网络等）集中设置于同一隧道空间中，并设置专门的检修口、吊装口和监测系统，实施统一规划、设计、建设，共同维护、集中管理，所形成的一种现代化、集约化的城市基础设施，如图1.1-1、图1.1-2所示。在城市中建设地下管线综合管廊的概念，起源于十九世纪的欧洲，它第一次出现在法国。自从1833的巴黎诞生了世界上第一条地下管线综合管廊系统后，随后英国、德国、日本、西班牙、美国等发达国家相继开始新建综合管廊工程，至今已经有将近182年的发展历程了。但地下综合管廊对我国来说是一个全新的课题。我国第一条综合管廊1958年建造于北京天安门广场下，比巴黎约晚建125年。

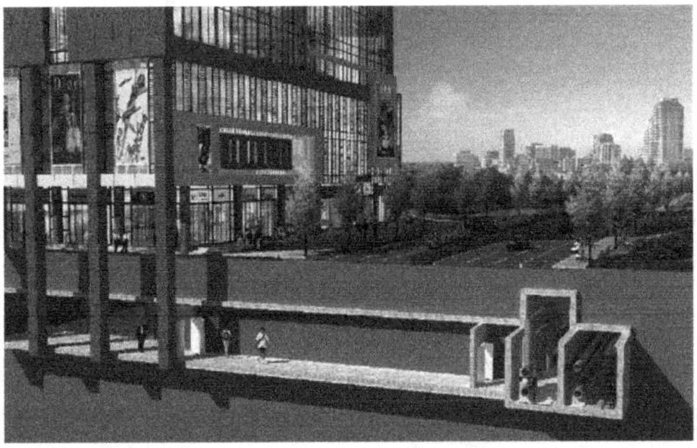

图1.1-1　综合管廊示意图

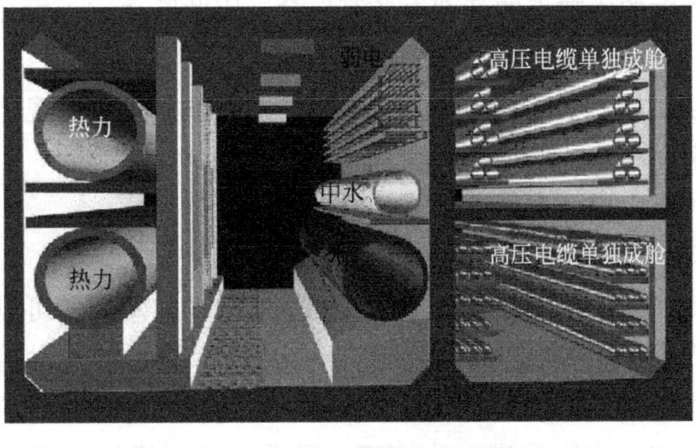

图1.1-2　常用矩形综合管廊

根据收容管线输送性质的不同，综合管廊的性质与构造亦有所差异，综合管廊依其特性与功能可分为：干线综合管廊、支线综合管廊、缆线综合管廊和混合综合管廊。

干线综合管廊：收容通过性，是不直接服务沿线用户的主要管线，因此一般设置于道路中央下方，负责向支线综合管廊提供配送服务，主要收容的管线为通信、有线电视、电力、燃气、自来水等，也有的干线综合管廊将雨、污水系统纳入其中。干线综合管廊宜设置在机动车道、道路绿化带下，其覆土深度应根据地下设施竖向综合规划、道路施工、行车荷载、绿化种植及设计冻深等因素综合确定。其特点为结构断面尺寸大、覆土深、系统稳定且输送量大，具有高度的安全性，维修及检测要求高的特点。

支线综合管廊：支线综合管廊为干线综合管廊和终端用户之间相联系的通道，从干管综合管廊引出来与沿线用户连结的支线，功能为收容直接服务于沿线用户的管线。支线综合管廊设置在道路绿化带、人行道或非机动车道下，其覆土深度应根据地下设施竖向综合规划、道路施工、绿化种植及设计冻深等因素综合确定。主要收容的管线为通信、有线电视、电力、燃气、自来水等直接服务的管线，结构断面以矩形居多。其特点为有效断面较小，施工费用较少，系统稳定性和安全性较高。横断布置面如图 1.1-3 所示。

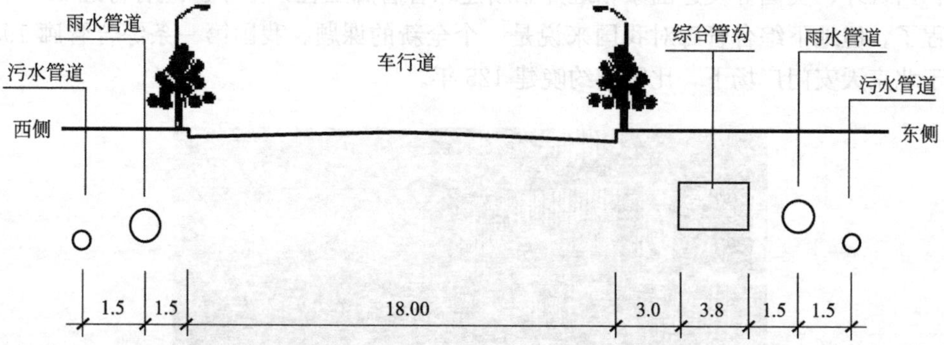

图 1.1-3 支线综合管线横断面布置示意图

缆线综合管廊：收容各类缆线的一种较简单的设施，缆线综合管廊一般埋设在人行道下，其纳入的管线有电力、通信、有线电视等，管线直接供应各终端用户。其特点为空间断面较小，埋深浅，建设施工费用较少，不设有通风、监控等设备，在维护及管理上较为简单。

混合综合管廊：是包括部分干管而具有支管功能的综合管廊，混合综合管廊在干线综合管廊和支线综合管廊的优缺点的基础上各有取舍，因此断面比干管综合管廊小，也是设置在人行道下方，一般适用于道路较宽的城市道路。

各类综合管廊断面如图 1.1-4 所示。按其施工方法可分为明挖现浇法综合管廊、明挖预制拼装法综合管廊和暗挖工法综合管廊。

综合管廊常见的断面形式主要有以下几种：

1. 矩形涵管

矩形混凝土涵管（称为箱涵或方涵）因其形状简单，空间大，可以按地下空间要求改变宽和高，布置管线面积利用充分。因而，至今是用得最多的一种管型，如图 1.1-5 所示。缺点是结构受力不利，相同内部空间的涵管，用钢量和混凝土材料用量较多，成本加大；同时大尺寸箱涵难于应用顶进工法施工，只适用于开槽施工工法，限制了其使用范

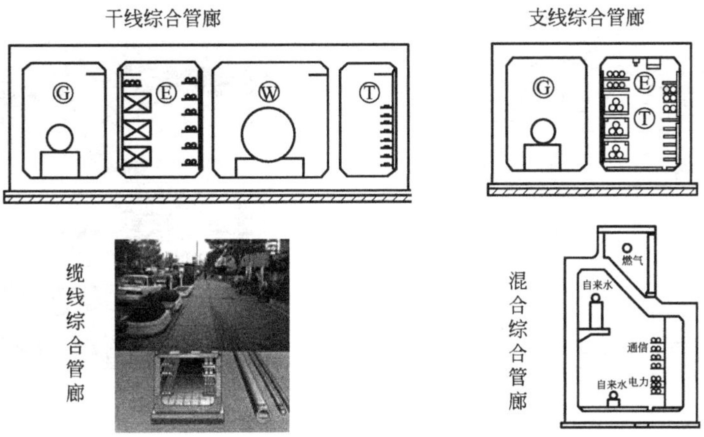

图 1.1-4　各类综合管廊

围。当前地下综合管廊大多需建在城市主干道下，大开槽施工对城市和居民生活影响太大，箱涵顶进施工难度大、费用高，限制了箱涵在地下综合管廊中的应用。

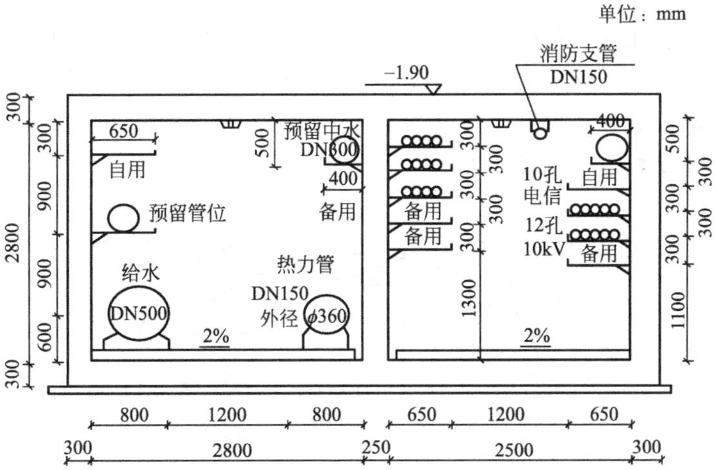

图 1.1-5　矩形断面地下综合管廊

2. 圆形涵管

圆形混凝土涵管制造工艺成熟，生产方便，结构受力有利，材料使用量较少，成本较为低廉，因而广泛用于输水管中，如图 1.1-6 所示。然而在地下综合管廊中应用的缺点是，圆形断面中布置管道不尽方便，空间利用率低，致使在管廊内布置相同数量管线时圆管的直径需加大，增加工程成本和对地下空间断面的占用率。为此，一些大城市开始开发异形混凝土涵管作为电力、热力等管线的套管和地下综合管廊的管材。

3. 异形（三圆拱涵、四圆拱涵、多弧拱涵等）涵管

异形混凝土涵管即是为避开圆形和矩形混凝土涵管的缺点，综合其优点而研制开发适用于地下综合管廊的新型混凝土涵管，如图 1.1-7～图 1.1-9 所示。这类涵管的特点是顶部都是近似于圆弧的拱形，结构受力合理，地下综合管廊大多宽度要求大，这类涵管可以通过合理选用断面形状提高涵管承载力，因而使用这类异形混凝土涵管可节省较多材料；

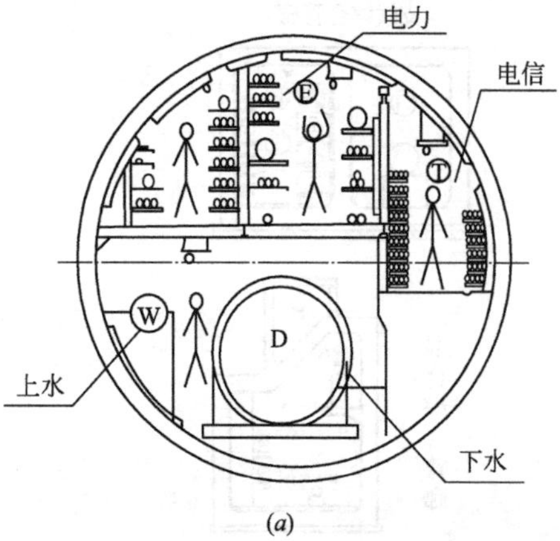

图 1.1-6　圆形断面地下综合管廊

可以按照地下空间使用规划，调整异形涵管的宽和高，合理占用地下空间；可按照进入管廊的管线要求设计成理想的断面形状，优化布置，减小断面尺寸；异形混凝土涵管接头全部使用橡胶圈柔性接口，能承受1.0～2.0MPa以上的抗渗要求，在地基发生不均匀沉降、顶进法施工中发生转角或受外荷载（地震等）作用管道发生位移或转角时，仍能保持良好的闭水性能，抗震功能较强；也可类似圆管那样，利用其接口在一定转角范围内具有良好的抗渗性，设计敷设为弧线形管道；这类涵管外形均可设计成弧线形，因而在顶进法施工中可降低对地层土壤稳定自立性要求，克服了矩形涵管的缺点。

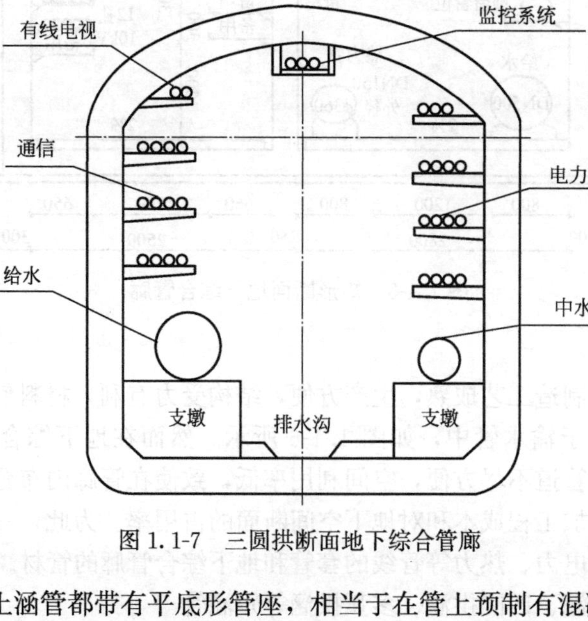

图 1.1-7　三圆拱断面地下综合管廊

预制异形混凝土涵管都带有平底形管座，相当于在管上预制有混凝土基础，与圆管相比，可降低对地基承载力的要求及提高涵管承载能力；管道回填土层夯实易操作、加快施工速度、保证密实效果，简化施工、减少费用。在不良地基软弱土层中应用，更显其优越性。

一般进入综合管廊的高压电力电缆要求单独置舱，避免对通信等设施的干扰，也要保

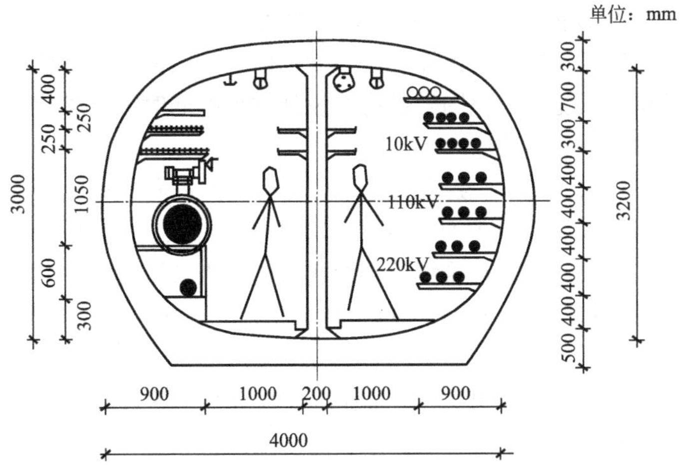

B×H=(1.9+2.6)×3.2(K0+960+K2+940)

图 1.1-8 多弧组合断面地下综合管廊

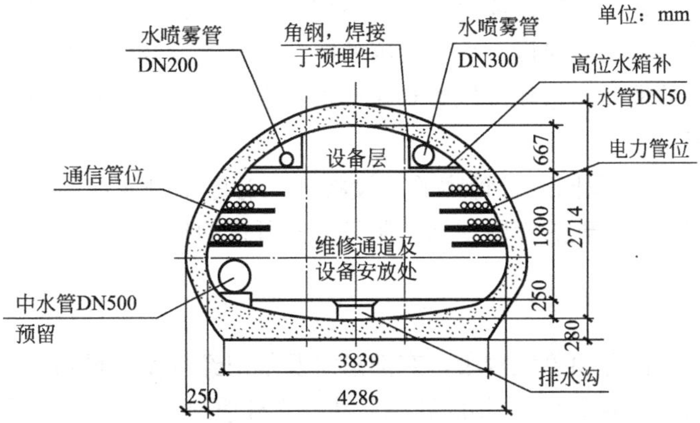

注：①拱涵外压裂缝荷载为198kN/m，拱涵外压破坏荷载为227kN/m；②拱涵设计地基承载力近为80kPa；③拱涵过水面积为9.21。

图 1.1-9 四圆拱断面地下综合管廊

障安全。因而随着综合管廊建设发展，单舱的形式将被双舱及三舱所取代，目前已经出现了四舱和五舱的管廊。

综上所述，异形混凝土涵管较圆形和矩形断面涵管在地下综合管廊中应用有更大的优势，在地下综合管廊建设中可更多选用异形混凝土涵管。

1.2 我国城市综合管廊的建设发展概况

我国的城市综合管廊建设经过几十年的酝酿，到 2015 年才开始了井喷式的发展，是有其历史和社会背景的。

(1) 发展阶段[1,2]

我国的城市综合管廊建设，从 1958 年北京市天安门广场下的第一条管廊开始，经历了四个发展阶段：

概念阶段（1978年以前）：外国的一些关于管廊的先进经验传到中国，但由于特殊的历史时期使得城市基础设施的发展停滞不前。而且由于我国的设计单位编制较混乱，几个大城市的市政设计单位只能在消化国外已有的设计成果的同时摸索着完成设计工作，个别地区如北京和上海做了部分试验段。

争议阶段（1978～2000年）：随着改革开发的逐步推进和城市化进程的加快，城市的基础设施建设逐步完善和提高，但是由于局部利益和全局利益的冲突以及个别部门的阻挠，尽管有众多知名专家的呼吁，管线综合的实施仍是极其困难。在此期间，一些发达地区开始尝试进行管线综合，建设了一些综合管廊项目，有些项目初具规模且正规运营起来。

快速发展阶段（2000～2010年）：伴随着当今城市经济建设的快速发展以及城市人口的膨胀，为适应城市发展和建设的需要，结合前一阶段消化的知识和积累的经验，我国的科技工作者和专业技术人员针对管线综合技术进行了理论研究和实践工作，完成了一大批大中城市的城市管线综合规划设计和建设工作。

赶超和创新阶段（2011～2017年）：由于政府的强力推动，在住房城乡建设部做了大量调研工作的基础上，国务院连续发布了一系列的法规，鼓励和提倡社会资本参与到城市基础设施特别是综合管廊的建设上来，我国的综合管廊建设开始呈现蓬勃发展的趋势，大大拉动了国民经济的发展。从建设规模和建设水平来看，已经超越了欧美发达国家成为综合管廊的超级大国。

但从2018年以后，我国综合管廊的建设将进入有序推进阶段，要求各个城市根据当地的实际情况编制更加合理的管廊规划，制订切实可行的建设计划，有序推进综合管廊的建设。

（2）发展规模

经过前期漫长的概念和争议阶段，东部沿海及华南经济发达城市不断摸索，我国相继建设了大批管廊工程，截至2015年底我国已建和在建管廊1600km；在国家为了提振经济发展速度，去产能，加快供给侧改革的政策鼓励下，2016年一年完成开工建设2005km，2017年完成开工建设2006km；按照当时的发展规划，以后一直到十三五末每年都是以近2000km的规模发展，最终将超过10000km的规模，我国即将成为名副其实的城市综合管廊超级大国[4]。

（3）政策法规

早在2005年建设部在其工作要点里就提出："研究制定地下管线综合建设和管理的政策，减少道路重复开挖率，推广共同沟和地下管廊建设和管理经验"；同时2006年作为国家十一五科技支撑计划就开始进行《城市市政工程综合管廊技术研究与开发》；后来为了配合城市综合的建设，国务院、住房城乡建设部、财政部和发改委等部委相继颁布了一系列的政策法规，从规划编制、建设区域、科技支撑、投融资、入廊收费等方面给出了详细的指导意见，对我国的综合管廊建设做出了极其重要的推动作用。

（4）建设标准

在管廊建设的高潮到来之际，标准规范的制订却远远滞后。截至目前，仅有《城市综合管廊技术规范》GB 50838（2015年修编）正式颁布实施，《城镇综合管廊监控与报警系统工程技术规范》GB/T 51274—2017刚刚颁布，行业标准《城市地下综合管廊运行维护及安全技术标准》已报审，《城市综合管廊工程防水材料应用技术规程》、《城市综合管廊运营管理标准》、《综合管廊管线工程技术规程》、《城市综合管廊施工及验收规程》等团体标准正在编制过程中，综合管廊的国家标准图设计有《综合管廊工程总体设计及图示》、《现浇混凝土综合管廊》、《综合管廊缆线敷设与安装》、《综合管廊供配电及照明系统设计与施工》、《综合管廊监控及报警系统设计与施工》。综合管廊的标准体系正在不断完善当中。

（5）建设模式

最早的综合管廊建设主要分为三种类型：一是为了解决重要节点的交通问题，如北京天安门广场和天津新客站综合管廊项目；二是为了特定区域的功能需要，如广州大学城、上海世博园等项目；三是为了城市的发展需要以及为了探索综合管廊建设经验而建的项目，如上海张杨路等，这些都是政府直接出资的施工总承包项目，约占目前总项目数量的 15%。

由于综合管廊的建设特点，后来出现了诸多 EPC 模式建设和个别 BT 模式的综合管廊项目，如海南三亚海榆东路综合管廊 EPC 项目，珠海横琴管廊 BT 项目，这些约占总项目数量的 10%。

2014 年《国务院关于创新重点领域投融资机制鼓励社会投资的指导意见》（国发〔2014〕60 号）中提出：积极推动社会资本参与市政基础设施建设运营，其中鼓励以 TOT（移交-运营-移交）的模式建设城市综合管廊。但这项措施还没有定论的时候，紧接着《国务院办公厅关于推进城市地下综合管廊建设的指导意见》（国办发〔2015〕61 号文）就提出了以 PPP 的模式大力推进建设综合管廊，之后大量建设的综合管廊项目基本上都是 PPP 项目，约占总项目数量的 75%。

由于管廊 PPP 项目的建设规模越来越大[5,6]，且 SPV 公司的组成复杂和收益不确定，其实施主体基本上都是中建、中冶、中交等几大央企，虽然国家一直鼓励社会资本进入综合管廊市场，但是由于种种原因，极少有民营企业进入。

（6）典型工程及指标记录

经过几十年的建设实践，我国的综合管廊建设规模及数量已经超过了欧美发达国家，成为了管廊的超级大国，其中出现了一些典型的案例，详见表 1.2-1。

我国城市综合管廊典型工程案例　　表 1.2-1

序号	工程名称	典型记录	主要指标
1	天安门广场管廊	中国第一条	1958 年，宽 4.0m，高 3m，埋深 7～8m，长 1km
2	上海张杨路管廊	我国第一条较具规模并已投入运营的综合管廊	1994 年，二条宽 5.9m，高 2.6m，双孔各长 5.6km
3	广州大学城管廊	国内已建成并投入运营，单条距离最长，规模最大的综合管廊	长 17.4km，断面 7m×2.8m
4	北京中关村西区管廊	国内首个已建成的管廊综合体、入廊管线最多、规模最大的项目	地下三层，9.509 万 m^2，长 1.9km

续表

序号	工程名称	典型记录	主要指标
5	北京通州新城运河核心区管廊	国内整体结构最大及综合管廊于一体的复合型公共地下空间	断面尺寸为16.55m×12.9m
6	上海世博会管廊	国内系统最完整，技术最先进，法规最完备，职能定位最明确的一条综合管廊	总长约6.4 km，国内首个200m预制装配试验段
7	六盘水市管廊一期	国内首个PPP模式的管廊项目，首批十大试点城市之一	全长39.69km，15个路段
8	西安综合管廊PPP一标	国内单个项目规模最大	全长72.23km，30个路段，92亿元
9	沈阳南运河段管廊	国内首个全部采用盾构施工的管廊项目	全长12.8km，直径6.2m，埋深20m，四舱
10	绵阳科技城集中发展区管廊	国内首个全部采用预制装配的管廊项目，且规模最大	全长33.654km，四舱，最大的断面尺寸11.75m×4m
11	十堰市管廊一期	国内施工方法最多，节段预制尺寸最大，首个矿山法隧道管廊	21段路，全长55.4km，总投资额52.3亿，使用了8种工法
12	包头新都市区经三、经十二路管廊	国内首个采用矩形顶管法施工的管廊项目	85.6m+88.5m，7×4.3m，埋深6m
13	厦门综合管廊	翔安西路综合管廊，采用双舱节段预制装配技术	已建成运营的干、支线管廊29.48km，缆线管廊110.45km
14	横琴综合管廊	在海漫滩软土区建成的国内首个成系统的综合管廊，国内首个获鲁班奖的综合管廊	总长度为33.4km，投资22亿元，包括一舱式、两舱式和三舱式3种断面形式

(7) 未来发展趋势

十三五期间是综合管廊的建设高潮期，虽然由于各种原因将由前三年的大干快上阶段进入有序推进阶段，但是经过这么多年的建设实践，人们越来越认识到管廊已经是城市建设发展的内在需要，“在新区建设、旧城改造、道路新（改、扩）建，在重要地段和管线密集区等肯定要建设综合管廊”（《国务院办公厅关于加强城市地下管线建设管理的指导意见》国办发〔2014〕27号），预计在2020年后将进入一个平稳的建设期[9]。

整体移动模架技术、叠合装配式技术、多舱组合预制技术、节点整体预制技术等快速绿色的建造技术将在接下来的综合管廊建设中得到广泛应用。各种规范标准都将在十三五期间编制完成；经过大量的工程实践，标准图集将编撰完成。

十四五期间应该是管廊运营管理的关键时期，各种管理问题会相继出现。PPP平台公司要理顺与政府、管线单位、施工方、银行、市民等各种复杂的关系，充分利用智慧管理平台，加强智能收费管理，挖掘大数据为己所用。智慧平台建设将会有一个质的飞越，但是管廊公司与管线单位的矛盾将日益突出，肯定会出现长期亏损的项目公司。

1.3 我国综合管廊运营管理现状及挑战

国内管廊建设起步较晚，直到2015年才开始大规模的建设，近几年的建设管廊项目都还未进入全面运营管理期，运营管理方面的总体状况为：经验不足、法规不全、平台不专、标准不一[3]，具体表现在：

1）目前尚无成熟的经验可以借鉴

虽然我国目前的管廊建设规模居世界之首，但是最近几年建设的管廊都未进入运营管理期，以前建好的项目大都运营状况不好，因此在运营管理方面尚无成熟的经验可以借鉴。特别是 2016 年以来，管廊建设的蓬勃发展，使得政府和央企更多的关注于立项和中标，没有精力研究合理的规划设计和高效的运营管理；同时建设规模的过度增长，运营管理人员的极度缺口都给运营管理带来极大的困难。

2）收费模式及违约责任尚无法可依

经过多年的努力，管线入廊难的问题基本已经解决，但是收费难的问题仍在困扰着目前的 PPP 公司，如何收？收多少？收不上来怎么办？一直是 SPV 公司与管廊租赁使用的管线产权单位利益博弈的焦点。但是现在却没有一个国家层面的法律法规出台，使得靠合同制约政府相关部门的方式变得难上加难。

3）智慧运营管理的标准严重缺乏

目前在综合管廊的后期运营管理的热点问题就是智慧管理，但是对于智慧管理的理解没有一个统一的认识，目前急需的附属系统特别是监控报警系统方面还没有一个统一的标准，使得各地政府对管廊的监控运维标准的要求各不相同，给 PPP 项目公司决策带来困难，也使得下游的软硬件企业都无所适从。

4）真正的智慧管理平台还没有出现

管廊建设的蓬勃发展，需要更加智慧的管理平台。虽然目前很多军工、航天、煤矿等一系列优秀的监控报警企业纷纷转向管廊的智慧管理，特别是在传感器、自动巡检、数据收集、虚拟技术、管控平台等方面都出现了一些优秀代表，但是真正基于 BIM 和 GIS 的全寿命智慧管理平台还没开发出来，目前国内出现的几大智慧平台或多或少地存在这样那样的问题，目前实现智慧化运行管理的技术手段进展有待突破。

本章参考文献：

[1] 油新华. 城市综合管廊现状与发展趋势 [J]. 城市住宅，2017.3.

[2] 油新华. 城市综合管廊建设发展现状 [J]. 建筑技术，2017.9.

[3] 李佳懿. 我国城市综合管廊现存问题及应对措施 [J]. 建材与装饰，2018 (04).

[4] 油新华. 城市综合管廊绿色规划设计理念与要点 [J]. 中国建设信息化，2017.10.

[5] 谭忠盛等. 城市地下综合管廊建设管理模式及关键技术 [J]. 隧道建设，VOL. 36，No. 10.

[6] 焦军. PPP 在综合管廊中的应用 [J]. 混凝土世界，2016 (4)

[7] 油新华，薛伟辰，李术才，王琦. 城市综合管廊叠合装配技术与实践 [J]. 施工技术，2017.11.

[8] 揭海荣. 城市综合管廊预制拼装施工技术 [J]. 低温建筑技术，2016 (03).

[9] 白海龙. 城市综合管廊发展趋势研究 [J]. 中国市政工程，2015.6.

第2章　运营管理体系建设

随着国内大规模管廊建成后陆续投入运营，如何使其得到良好运营管理并发挥最大效益已成为首要任务。综合管廊运营管理是一项综合程度较高的系统性工作，运营管理体系具有很强的复杂性，其复杂性主要体现在运营工作各环节相互作用与关联的协调与统一上。运营管理体系是实现运营管理统一性、系统性、规范性、合理性的根本。综合管廊运维管理体系的建设，需要遵从相关原则，并采取系列措施构建。

本章主要介绍综合管廊运营管理体系建设中涉及的管理目标及保证措施、运营管理模式、管理体系、运营管理内容和制度。综合管廊运营管理体系建设需从综合管廊的实际情况出发，对综合管廊的类型、规模、技术条件和运营管理模式等多方面进行考虑，保证运营管理体系的可行性、适用性，避免不合实际。

2.1　运营管理目标及保证措施

2.1.1　管理目标

综合管廊运营管理目标一般包含运营目标、安全目标、客户满意度目标和环境保护目标。

1. 运营目标

日常运维、安全管理及突发事件管理制度完整，确保综合管廊主体及附属设施质量合格率，综合管廊设施及附属工程损坏时，应第一时间组织抢修，保障24小时内排障率。

2. 安全目标

管廊运营期间管廊总体运行优良，安全事故零伤亡，杜绝火灾事故等安全责任事故，确保职工劳保用品配置发放率，入场职工安全教育率，安全技术交底率，管理人员及特种作业人员持证上岗率，安全技术资料真实、准确、齐全、及时。

3. 客户满意目标

提高相关行政主管部门、管线单位和周边居民满意度。

4. 环境保护目标

综合管廊内环境质量符合相应的环境保护标准。

2.1.2　保证措施

按照企业的项目管理模式，以ISO9001模式标准建立有效的质量保证体系（图2.1-1），并制定项目质量计划，推行国际质量管理和质量保证标准，以合同为制约，强化质量的全过程管控，通过明确分工，密切协调与配合，使服务质量得到有效的控制。从组织保证、制度保证、技术保证及设施保证等方面着手，建立与完善质量保证体系，达到人人心中都有质量这根红线、底线。

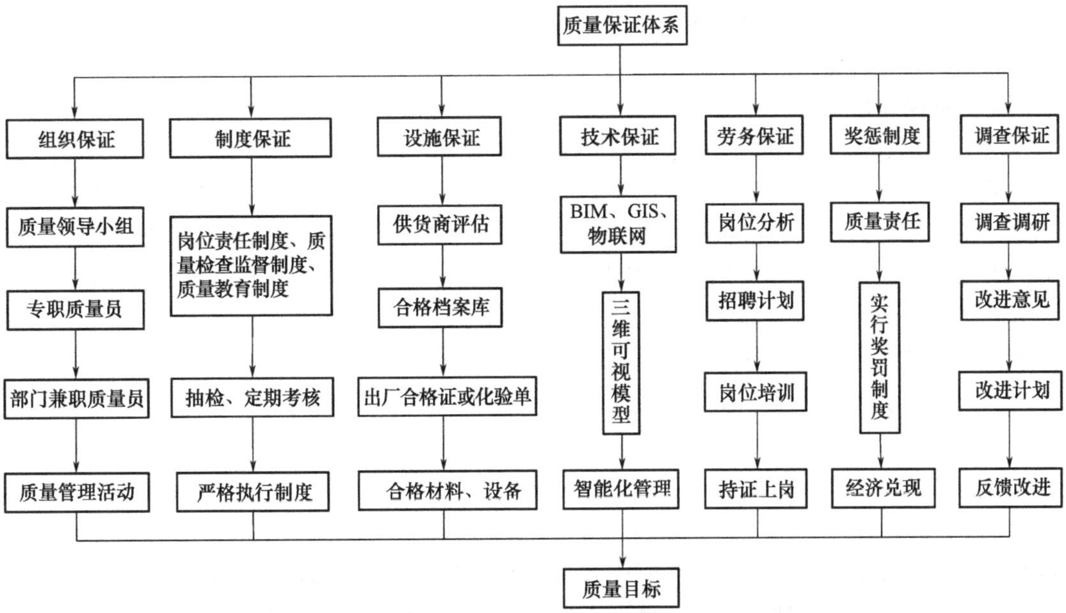

图 2.1-1　质量保证体系结构图

1. 组织保证措施

完善质量管理系统，坚持实事求是，坚持系统、全面、统一的原则，坚持职务、责任、权限、利益相一致的原则。明确职责分工，落实质量控制责任，通过定期或不定期的检查，发现问题，总结经验，纠正不足，对每个部门每个岗位实行定性和定量的考核。成立质量保证领导小组，质量保证领导小组组长由管廊运维管理单位总经理担任，制定《质量保证计划和质量保证措施》，并依照该文件严格执行，并根据反馈意见，不断修改完善。

2. 制度保证措施

运维管理单位制定详细、完善的综合管廊运维管理制度，还需完善并执行岗位责任制度、质量监督制度、质量教育制度、质量检查制度等，对制度执行情况进行监督管理。进一步建立岗位责任制度和质量监督制度，按照“谁主管，谁负责；谁负责，谁检查”的原则划分质量责任，每月考核一次，考核结果与个人绩效挂钩。严格执行质量检查制度，坚持自检、互检，执行抽检制度，质量保证领导小组定期（月、周）检查，检查后及时通报表彰好的运维小组。

3. 设施保证措施

采用高品质的综合管廊设备，搭建高水平的综合管廊设施，定期按照相关标准对管廊设施进行升级改造（可结合大中修及更新改造同步实施）。依据可靠、先进、实用、经济的原则，采购所有的原材料、构配件、设备等时，必须确定合格的厂家或商家，事先对供货商进行评估，建立合格的供货商档案，采购的产品必须有出厂合格证或质量检测报告。

同时严格执行综合管廊维护管理制度，执行安全巡检制度，定期对综合管廊设施保养和维护，保持综合管廊设施设备状态完好，综合管廊设施及附属工程损坏时，第一时间组织进行抢修，保证综合管廊设施的完好率，同时，保证管廊内部的环境清洁，按照相关环境标准控制综合管廊内环境。

4. 技术保证措施

采用BIM、GIS及物联网等技术，建立综合管廊运维管理平台。通过BIM和GIS的结合实现对综合管廊内部结构和外部空间的三维可视化管理，以及地下管线等设施的精准定位。在此基础上，结合物联网技术对入廊管线以及综合管廊相关配套设施进行智能化控制，实现对综合管廊的可视化安全监测、检测、预警和应急处理。最后，预留接口，接入智慧城市智慧中心，实现对综合管廊运维管理中的各类信息数据进行存储和共享，系统维护人员和各相关部门可以通过平台提供的客户端查询云平台中各个系统功能模块的工作状态和监测对象的实时共享信息，协同对综合管廊中出现的异常状态做出及时的科学决策。

5. 人才保证措施

综合管廊运维涉及机电、消防、自动化、结构、岩土等相关专业，具有较高的多样性和复杂性，因而需要掌握相关技术的优秀复合型人才。目前，我国有管廊运维工作经验的人才非常缺乏，基于这样的事实，重视人员的招聘与培训工作，运维管理单位在人员筹备方面按照机制设计为先导，人员招聘为基础，人员培训为重点，来开展相关工作，努力为管廊运维服务培养一支人员结构合理，技能好素质高的人才队伍。

6. 奖罚保证措施

为了进一步保证运维服务质量，引进激励制度，建立奖罚制度。依据运维单位制定的检查、监督和考核制度，针对考核结果制定详细的奖罚制度。在考核中发现未按管理制度要求执行，未尽到职责的部门、个人，对玩忽职守，造成服务质量下降的，要追究其责任，视情节轻重进行处罚。对质量管理做出突出贡献，包括提出合理化建议，进行技术革新，进行设备改造，或者避免质量事故发生的当事人，给予奖励并参考年终奖励。

7. 调查反馈措施

对入廊管线单位实施定期走访或函件调查，调查内容包括入廊手续办理的及时度，运维管理单位维护水平，管廊内部环境情况，知会管线单位可见故障的及时度，巡查管线设施的频率和质量，协助管线单位维护的满意度等。对管廊周边居民实施定期公共调查，调查内容包括综合管廊周边声光污染情况，周边空气污染情况，周边景观和通行影响情况，周边安全影响情况等。通过对管线单位和周边居民的调查反馈，制定详细的改进计划和措施，通过实施一段时间的改进措施后，再对入廊管线单位和周边居民进行调查反馈，通过定期不断的调查，不断改进综合管廊服务质量。

2.2 运营管理模式

针对综合管廊的建设和运行特点，一些建设综合管廊的国家和地区，采取制定法律法规来加强综合管廊的管理，规范各方面的行为。综合管廊运营单位模式主要有以下四种：

1. 政府统一管理模式

由地方政府出资组建或直接由已成立的政府直属的投资平台公司负责融资建设，项目建设资金主要来源于地方财政投资、政策性开发贷款、商业银行贷款、组织运营商联合共建多种方式。项目建成后由政府平台公司为主导，通过组建专门机构等实施项目的运维管理。以深圳前海合作区综合管廊项目为列，分析该模式存在的不足和可借鉴性。这种模式结构简单、操作方便，但往往造成机构臃肿、效率低下，在成本控制和专业化程度上不足。在政策法律环境不完善的情况下这种模式较为常用，我国早期建成的大部分管廊都采用了这种模式。

2. BOT 模式

这种模式下政府不承担综合管廊的具体投资、建设以及后期的运维管理工作，所有这些工作都由被授权委托的社会投资商负责。政府通过授权特许经营的方式给予投资商综合管廊的相应运营权及收费权，具体收费标准由政府在通盘考虑社会效益以及企业合理合法的收益率等前提下确定，同时可以辅以通过土地补偿以及其他政策倾斜等方式给予投资运营商补偿，使投资商实现合理的收益。社会投资商可以通过政府竞标等形式进行选择，这种模式政府节省了成本，但为了确保社会效益的有效发挥，政府必须加强监管。

3. PPP 模式

由政府和社会资本共同出资组建股份制 PPP 管廊运营单位，全权负责项目的投资、建设以及后期运维管理，项目风险与收益由各方共同承担。此外，引入社会资本，可以大幅提高专业化程度，降低运行成本，提高运营效率。同时，日常运维管理费用由政府和管线单位共同分担的模式与政府或管线单位单独承担相比，政府和企业的负担都可以大大降低，有利于管廊的正常运营。

4. 委托运营模式

随着国内大规模综合管廊的建设，国内涌现出一些具有专业能力的综合管廊运营管理公司，综合管廊的运营管理可由管廊所属单位委托专业的运营单位进行管理。广州大学城综合管廊是由广州大学城投资经营管理有限公司委托广钢下属的一个机电设备公司进行管廊管理。佛山新城管廊由管委会（开发建设有限公司）下属的新城物业发展有限公司管理运营，新城物业发展有限公司再委托专门物业公司管理管廊。杭州西湖管廊是电力专门管廊，电力管廊建成后由西湖区政府无偿交杭州市供电公司管理维护。上海综合管廊采用的是政府直投的模式，项目建成后由政府部门直接委托专业物业公司管理，如世博会、安亭新镇的管廊由市政主管部门委托专业公司管理。

2.3　运营管理内容

综合管廊运维管理的内容分为日常管理和安全与应急管理。日常管理主要对管廊土建结构、附属设施及入廊管线开展的日常巡检与监测、专业检测及维修保养等工作，日常管理工作中涉及的各种工作表格见附录。安全与应急管理是指为保障综合管廊的运维安全，及时有效地实施应急救援工作，为最大程度地减少人员伤亡、财产损失，维持正常的生产秩序而开展的工作。

2.4 运营管理体系

综合管廊运营管理过程中，管廊运营单位不仅要对管廊土建结构及附属设施进行管理，还要对外协调各管线单位入廊作业，因此，为了提高综合管廊的运营管理水平，需要建立科学的运营管理体系。管廊运营管理体系包括管理手册、管理程序和作业指导书三方面内容。

1. 管理手册

管理手册是运营单位加强管理的指导性、纲领性文件。管理手册主要阐述企业的宗旨、目标及各职能部门按照标准要求所做的原则性要求。管理手册分为管线入廊服务手册和管廊维护管理手册，管线入廊服务手册根据管线的入廊计划，结合项目的实际情况来编制，主要明确管线权属单位和管廊运营单位之间的管理权限、范围、责任与义务；管廊维护管理手册主要规定管廊土建结构和附属设施日常管理的工作内容。

2. 管理程序

程序文件是管理者实施管理的方式步骤，一般涵盖两个方面，一方面是具有普遍指导意义的，如记录管理控制程序、人力资源管理控制程序等；另一方面是围绕管廊运营工作开展的，如日常巡检程序、廊体维修程序、附属设施维修程序、作业人员意外事故处理程序及应急响应程序等。

3. 作业指导书

作业指导书是作业指导者对作业者进行标准作业的正确指导的基准，是为保证过程的质量而制定的程序。针对管廊的日常维护管理可编制管廊廊体及附属设施设备日常巡检、维护保养等方面的作业指导书，达到提高管理质量的目的。

2.5 运营管理制度

运营管理体系的内容合理与否，结构完整与否，决定着运营管理的效果，运营管理单位应从实际情况出发，坚持以下原则，制订具体的管理制度。

（1）系统原则，按照系统论的观点来认识公司管理制度体系，深入分析各项管理活动和管理制度间的内在联系及其系统功能，从根本上分析影响和决定公司管理效率的要素和原因。

（2）管理自然流程原则，在公司中，业务流程决定各部门的运行效率。将公司的管理活动按业务需要的自然顺序来设计流程，并以流程为主导进行管理制度建设。

（3）以人为本原则，公司的构成要素中人是最关键、最积极、最活跃的因素。公司管理的计划功能、组织功能、领导功能、控制功能都是通过人这个载体实现的，只有在各环节中充分发挥了人的积极性、创造性，公司才能达到它的目标。

（4）稳定性与适应性相结合原则，公司管理总是要不断否定管理中的消极因素，保留发扬管理中的积极因素，并不断吸收新内容和国内外先进的管理经验，进行自我调整、自我完善，以适应公司内外部环境变化的需要，公司在管理制度制定上将遵循稳定性与适应性相结合的原则。

综合管廊主要运维管理制度见表 2.5-1。

管廊主要运维管理制度　　表 2.5-1

序号	一级管理制度	二级管理制度
1	行政管理	文件收发管理 宣传报道管理 档案管理 办公用品管理 安全生产管理 车辆安全管理规定 重大情况报告制度 考核规定
2	人力资源管理	人员录用管理 劳动合同管理 机构设置与编制 一般管理岗职务设置 劳动工资管理 福利待遇管理 劳动纪律管理 加班管理 培训管理 技能鉴定 奖惩规定
3	工程、设备招投标管理	低值易耗品管理办法 固定资产管理办法 招标管理
4	财务审批办法	总则 实施细则
5	财务检查办法	
6	资金管理办法	
7	合同管理办法细则	总则 合同管理的职责分工 合同的签订和履行 合同违约及纠纷的处理 合同的专用章和合同档案
8	票据管理办法	
9	资金安全管理办法	
10	会计档案管理办法	
11	费用开支管理办法	费用开支计划 费用开支标准

续表

序号	一级管理制度	二级管理制度
12	费用核算制度	费用开支管理要求 费用开支办理程序 费用开支范围和内容 费用和其他开支的界限 成本费用核算原则
13	管廊维护管理制度	监控中心管理制度 日常巡检管理制度 备品备件管理制度 管廊安全操作与防护管理制度 安全保卫管理制度 管廊内施工作业管理制度 进出综合管廊管理制度 水电节能降耗管理制度 抢修维修管理制度 禁止行为
14	管廊运维规程	重大事故应急响应流程 土建结构的维护保养规程 机电设施维护保养规程 高低压供配电系统维护保养规程 火灾报警系统的维护保养规程 通风系统维护保养规程 照明系统维护保养规程 给水排水、消防与救援系统维护保养规程 弱电设施维护保养规程 中央计算机信息系统的维护保养规程 地面设施维护规程
15	管廊运维应急预案	火灾应急预案 地震应急预案 防恐急预案 洪涝应急预案 入廊管线事故应急预案

管廊运维管理制度体系中有关管廊维护管理制度需要包括的主要内容见表 2.5-2。

管廊维护管理制度主要内容 **表 2.5-2**

序号	制度名称	主要内容
1	监控中心管理制度	主要包括监控中心日常值班制度、交接班制度、信息设备技术资料管理、异常事件及管理系统故障上报制度、监控中心设备管理制度以及网络管理制度等方面的内容
2	日常巡检管理制度	对管廊日常巡检进行规定，主要包括巡检任务的分配、人员安排，巡检人员入廊巡检的作业要求等方面的内容

续表

序号	制度名称	主要内容
3	备品备件管理制度	主要包括管廊备品备件从申报、入库、保管到领用的制度及管理职责
4	管廊安全操作与防护管理制度	主要包括运维单位内部巡检人员进出综合管廊的安全管理规定(管廊内环境质量的确认、安全用电等操作规程),外来人员进入综合管廊的安全管理规定
5	安全保卫管理制度	综合管廊的内、外部安全防范管理制度
6	管廊内施工作业管理制度	对运维单位维修人员在综合管廊内进行维修作业进行要求,对管线单位对入廊管线进行施工作业进行要求
7	进出综合管廊管理制度	对进出综合管廊流程进行规定

第3章　组织架构和人力资源管理

综合管廊运营管理单位组建的目的是在综合管廊的建设和运行过程中承担综合管廊设施设备的维护管理、技术管理等任务，确保综合管廊所有设施、设备的安全、顺利运行。为适应综合管廊运营技术复杂、管理工作精细化的特点，综合管廊运营管理单位组织架构设计方面要本着机构精简、职责明确，满足运营管理业务的需求；在人力资源管理方面应通过建立长效机制入手，主抓人力资源管理核心点，以打造一支业务理论精、专业能力强、综合素质高的专业化综合管廊管理团队为目标。

3.1　组织架构设置

综合管廊运营管理单位组建的目的是在综合管廊的建设和运行过程中承担综合管廊设施设备的维护管理、技术管理等任务，确保综合管廊所有设施、设备的安全、顺利运行。结构合理且执行力强的团队是实现综合管廊运维工作高效开展的必要条件。运营单位组织架构的编制主要从机构精简、职责明确、满足运营业务基本需求等方面考虑。综合管廊运维管理单位一般组织架构如图3.1-1所示。

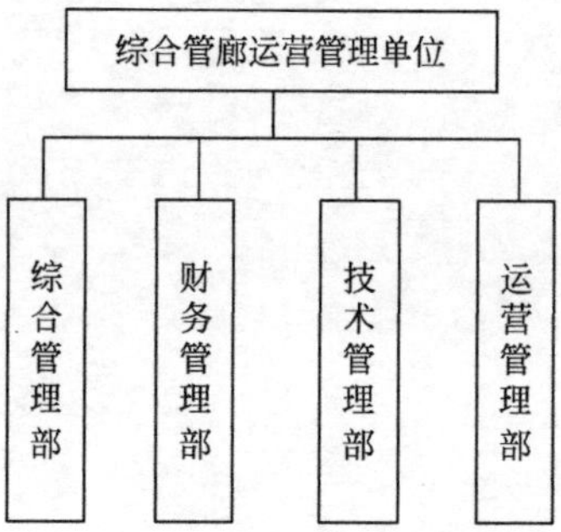

图3.1-1　综合管廊运营管理单位组织架构图

3.2　岗位职责

各部门的主要职责如下：

1.综合管理部

（1）负责全公司日常行政事务管理，负责公司办公设施的管理，负责公司总务工作，做好后勤保障；

（2）拟订并持续优化、完善合法、规范、有效的人力资源管理规章制度和工作流程；

（3）拟订人力资源战略规划，提出保障战略实施和业务发展、持续优化人力资源管理体制和员工队伍的方案并组织实施；

（4）制定并组织实施员工职系职级体系和培训培养体系，提升员工专业能力和管理人员的领导力；

（5）管理与员工的劳动关系，办理各种劳动关系手续，建立员工信息系统，及时保存、更新、提供人员信息；

（6）为丰富员工文化生活，组织安排各种文体活动；

（7）完成公司领导交办的其他工作任务。

2. 财务管理部

（1）负责公司日常财务核算，搜集公司经营活动情况、资金动态、营业收入和费用开支的资料并进行分析、提出建议；

（2）组织各部门编制收支计划，编制公司的月、季、年度营业计划和财务计划，定期对执行情况进行检查分析；

（3）组织编制综合管廊内入廊管线产权主体应缴纳空间租赁费、新工程实施发生的管廊空间占用费、管廊运行物业管理费等费用的收取标准，收取管线入廊的各项费用；

（4）经营报告资料编制；单元成本、标准成本协助建立；效率奖金核算、年度预算资料汇总；

（5）完成公司领导交办的其他工作任务。

3. 技术管理部

（1）负责组织制定运维管理制度；

（2）制定综合管廊的技术标准；

（3）综合管廊的维护保养手册、安全操作规程；

（4）在管廊的运行管理过程中进行技术管理；

（5）负责管廊内部设施更新升级、维修养护等计划的审核、提报，管控；

（6）制定应急预案并组织应急演习；

（7）制定管廊的运维质量目标，建立质量管理制度、质量检验制度、质量责任制度；

（8）完成公司领导交办的其他工作任务。

4. 运营管理部

（1）按照综合管廊相关政策和标准保护、运营及维护管廊及附属设施；

（2）制定健全的、详细的综合管廊运维管理制度；

（3）确定日常运营工作和特殊工作的工作流程；

（4）配合和协助入廊管线单位的巡查、养护和维修；

（5）进行出入综合管廊管理；

（6）监控综合管廊内照明、排水、通风、防入侵系统等正常运行；

（7）巡查综合管廊主体、入廊管线及附属设施；

（8）检修综合管廊主体和附属设施；

（9）综合管廊应急处理管理。

3.3　人力资源招聘

人力资源招聘是人力资源管理与开发的一项重要工作，运营管理单位能否招聘到所需的人员关系到管廊运营管理工作的正常开展。为满足运营公司持续、快速发展对人才的需求，规范人事管理工作，应建立健全人才选聘用机制。人事招聘实行岗位聘用制，坚持“公开透明、人岗匹配”的原则，使用工用人机制更趋科学、合理。综合管理部是运营单位人力资源招聘管理的归口部门，负责运营单位所有人员的招聘组织管理工作，负责人力资源需求计划的调查、预测，制定招聘需求计划，负责本部门招聘具体工作的开展，包括需求分析、完善笔试题库、参与面试评价、招聘评估工作等。

招聘渠道包含校园招聘、媒体招聘、员工推荐和招聘会招聘等。综合管理部应深入各部门进行调查研究，征求用人部门的人员需求意见。各用人部门每年下半年（以综合部通知为准）填写《人员需求计划表》报综合部。综合部根据人力资源需求计划结合内外部人员供给状况，汇总用人部门人员计划表拟定年度招聘计划。综合部负责收集应聘者资料，并根据招聘岗位的要求对应聘者个人资料进行初步审查。组织笔试和面试，笔试试题由综合部和相关专业部门拟制。综合部统一组织应聘者进行笔试，内容包括性格测试、业务与知识技能考试、综合能力测试等。面试由运营单位招聘工作小组具体实施，综合应聘人员笔试和面试总体得分和评价，汇总招聘工作小组成员集体意见，形成运营单位聘用决策意见。综合部负责协助员工办理档案和党组织关系转入手续，并组织签订《劳动合同》，办理员工起薪和社保公积金等相关手续。

3.4 入职培训和转正

塑造一支具有持续学习能力和工作适应能力、不辱使命和充满活力的员工队伍，是培训人员岗位培训的目的。培训采用自学与面授相结合、脱产与在岗相结合的方式进行：

1.岗位专业培训

新员工入职一个月内必须参加公司组织的职前培训，培训结束后进行考核。考核成绩合格方可上岗，不合格允许补考一次，补考不及格者不予录用。

新员工入职三个月内必须参加公司组织的岗位培训，掌握所从事岗位的必备知识及基本管理法规。

所有机电维修保养人员都根据各岗位职能，定期进行系统培训。定期进行控制中心值班人员培训。培训内容主要包括操作技能、应急情况处置技能、监控系统理论知识、值班制度等。平时应定期安排考核，以提高值班人员的业务水平。

定期进行检修人员培训。培训内容主要包括：故障排查技能、故障修复技能、监控系统理论知识和检修制度。平时应定期安排检修效果的考核评定，严格控制好检修维护质量。所有新进人员必须严格遵循岗前培训制度。由专业工程师制定岗前培训范本，每个新员工应在培训后通过考核方可上岗。每年年底制定下一年的培训计划，所有培训与考核应有规范完整的记录。

所有智能监控人员，熟练掌握系统使用和简单维护。能熟练通过系统判定和响应管廊应急事故处置。

2.安全常规培训

维护保养安全培训包括正常运营及养护作业时和管线入廊施工组织和安全防护培训。养护作业前，制定周密的施工组织计划；作业人员必须接受专门的安全教育和作业规程训练，并统一着装、统一佩戴安全帽。

3. 紧急救援反恐防恐演练

预设事故场景，对事故应急预案进行演练，落实事故处理人员职责和流程，提高事故应急反应速度。

4. 晋职培训

包括基本达标培训、完全达标培训和提升达标培训。是为了让员工从最基本的知识的技能达标提升到对道路及管廊运营管理各层面知识的精通，熟练掌握智能化系统，运用相关法规及专业知识，胜任管廊运维工作。

对表现突出的，拟晋升到高一级职位的员工所进行的培训，这也是公司为了选拔人才进行的一次考核。

3.5 绩效考核

绩效考评是在一定期间内科学、动态地衡量员工工作状况和效果的考核方式，通过制定有效、客观的考评制度和标准，对员工进行评定，旨在进一步激发员工的工作积极性和创造性，提高员工工作效率和基本素质。绩效考评使各级管理者明确了解下属的工作状况，通过对下属的工作绩效评估，管理者能充分了解本部门的人力资源状况，有利于提高本部门管理的工作效率，充分调动员工的积极性，不断提高企业整体管理水平和经济效益，确保完成企业的各项工作任务。考核实施的原则如下：

1. 透明原则

考核流程、办法、标准等必须公开、制度化，各岗位人员均应充分了解。

2. 客观原则

考核依据是符合客观事实的，考核结果是以各种统计数据和客观现场为基础，避免由于个人主观因素影响考核结果的客观性。

3. 沟通原则

在进行考核时，被考核者和考核者应进行充分的沟通，听取被考核者对自己工作的评价和意见，使考核结果公正合理。

4. 时效原则

员工考核是对考核期内工作成果的综合评价，不应将本考核期之前的表现强加于本次考核结果中，也不能取近期工作情况取代整个考核期的结果。

3.6 人才培养及团队建设

综合管廊运营管理是一项系统而复杂的工程，一方面，因综合管廊整体建于地下，只有少量的投料口、人员出入口和通风口与外界相通，属于看不见、闻不到、摸不着的隐蔽工程，实际运营过程中可能产生安全盲点，甚至形成安全盲区，成为事故易发带。另一方面，综合管廊空间相对密封，在不能及时有效发出报警通知的情况下，撤离逃生的时间将变得十分有限。因此，确保管廊的安全运营成了运营单位必须面对的现实挑战和必须履行的应尽职责。而运营单位中的巡检、监控及维修人员作为确保管廊安全运行的骨干力量，是确保运营单位长久发展的中流砥柱。在人才培养及团队建设中应通过建立长效机制入手，强调过程控制，主抓人力资源管理核心点，以达成预期目的。

1.建立人才培养机制

运营单位的正常运转是依靠内部各部门协调有序的配合实现的，各部门在内部规则约束下实现了有机配合、有序协作，从而保证了企业正常的生产秩序和管理秩序。现代人力资源管理是依靠科学的管理机制来实施管理，管理过程本身有机制引导、有依据支撑，对于管廊运营单位人力资源管理说，同样必须建立本企业内部科学的、长效的管理机制，保证企业人力资源管理顺利开展。因此，必须建立一套适应企业发展、符合实际形势、具有长效机制的骨干人员管理机制，实现对骨干人员的规范管理和长效开发。

2.强化教育培训

将教育培训与技能等级晋升有机结合起来，是培育运营企业核心竞争力、创新力的源泉。面对管廊内技术装备水平的不断提高，加快骨干人员对新知识、新技术的学习掌握尤为重要。一是积极组织骨干人员开展岗位培训，突出新技术、新设备、新工艺岗前培训内容，提升骨干人员的技术业务素质和岗位适应能力。二是针对管廊安全运营，以非正常运行处理、电气仪表设备组成及故障处理为重点，聘请经验丰富、技术高超的专兼职技师现场授课。三是加强技能鉴定考前培训，提高技能鉴定一次性通过率，为骨干人员尽早获得技能人才职业资格创造有利条件。四是广泛开展职业技能竞赛活动，为优秀人才搭建展示自身价值的平台。五是大力推行“师带徒、结对子”的个性化技能人才培养方式，促进高技能人才在实践中成长成才。

3.建立团队价值观

团队是每个成员的舞台，个体尊重与满足离不开团队这一集体，因此，要在团队内部倡导感恩和关爱他人的良好团队氛围，注重感情投资以增进员工的归属感和向心力。尊重员工的自我价值，将团队价值与员工的个人价值有机地统一起来，团队的凝聚力就会形成，团队的共同价值也就能通过个体的活动得以实现。

4.建立健全有效管理制度和激励机制

健全的管理制度、良好的激励机制是团队精神形成与维系的内在动力。同时，团队价值观的培育，也须有一套规范化的管理制度和有效的激励机制。

第 4 章　管线入廊及验收管理

综合管廊纳入的管线包括给水管道、热力管道、天然气管道、再生水管道、雨污水管道、电力电缆、通信光缆等管线。综合管廊内各种管线新建、改建完成后，管线单位应会同管廊运维单位组织相关建设单位进行竣工验收，验收合格后，方可交付使用。管线单位入廊应向管廊运维单位提出申请并签订入廊协议，明确双方的管理权限、责任、范围与义务。

4.1　准备工作

管廊竣工验收后，运营部门需组织管廊施工部门、设计部门、监理单位联合组成运营验收小组，对即将运营的管廊进行运营验收，运营验收通过后，可正式开始运营，运营验收前，各部门需准备以下资料：

（1）管廊建设部门根据管廊竣工图制作附属设施设备的清单，经各部门确认清单数量与图纸相符无误后，移交至运营部门，作为运营验收的依据。

（2）管廊建设部门与设计部门负责编制《综合管廊使用说明书》，编制完成后将《综合管廊使用说明书》移交至运营部门，并向运营部门进行培训，培训的主要内容为管廊内所有设施的使用方法和维修方法，管廊主体结构维修和养护时的注意事项，并形成培训记录。

4.2　土建和附属设施的验收

运营验收的内容包括廊体结构、管路支墩支架、排水设施、逃生井盖、照明灯具、消防设备、配电间、箱变、安防监控系统、通风及防排烟系统、门禁系统、标识标牌及廊内卫生等。

具体验收项目如表 4.2-1 所示。

运营验收内容及接收标准表　　　　**表 4.2-1**

序号	验收内容	接收标准	备注
1	廊体结构	1)无渗漏水；2)所有螺杆眼均封堵完成；3)所有模板均拆除；4)墙面及地面无外漏钢筋并处理平整；5)所有变形缝处无渗漏水	
2	管路支墩、支架	1)所有尺寸与图纸一致；2)所用材质与图纸要求一致；3)所有支架、支墩固定方式与图纸要求一致；4)所有出线节点处预留的支架、预埋钢板数量与尺寸与图纸一致	
3	排水设施	1)排水管道的材质、尺寸、管件安装要求与图纸相一致；集水坑盖板的安装不影响排水设施的检修；2)待管线安装完成后，不影响阀门及控制箱的操作。3)液位系统能够正常启动，积水能够正常排出廊外，无回流现象	

续表

序号	验收内容	接收标准	备注
4	照明灯具	1)所有照明灯具能够正常开启、关闭、切非;2)所有灯具的灯罩完好无破损;3)所有就地开关能够正常的开启、关闭灯具,安装位置便于操作;4)所有接线盒安装位置便于检修	
5	消防应急灯具	1)所有灯具外观完好无破损;2)应急灯具在切非试验后立即恢复点亮	
6	疏散诱导灯、安全出口指示灯	1)所有灯具外观完好无破损;2)应急灯具在切非试验后立即恢复点亮;3)所有疏散指示灯与安全出口灯无逃生路线上的冲突;4)所有疏散灯均指向距离最近的逃生口或出入口;5)所有逃生路径的门口或洞口附近必须有安全疏散灯	
7	配电室	1)配电室内通风正常,风机可正常启动;2)配电室内墙面、地面、顶部无渗漏水现象;3)所有设备外表面、内部无灰尘,系统图纸完整,防火封堵及防水密闭完整;4)配电室内无杂物、无灰尘	
8	消防设备	1)通过消防验收;2)在大系统联调中所有设备均能正常动作无异常;3)所有点位在系统中均能正常操作	
9	防爆设施	防爆设施铭牌是否完整,铭牌显示的防爆等级是否符合图纸要求	
10	通风及防排烟设施	1)外壳接地是否齐全;2)风机启动后无不正常噪声,无强烈振动,无移位;3)电动风阀能够在监控系统中正常开启和关闭;4)整体联调过程中所有风阀和风机能够正常开启和关闭	
11	景观式箱变	1)能够正常地送电、断电;2)所有监控仪表数据正常;3)防火封堵及防水密闭完整;4)箱变内无杂物、无灰尘	
12	配电箱	1)配电箱外壳完好,按钮指示灯无损坏;2)配电箱内系统图纸完整无缺失;3)箱内接线端子完整、线号管完整、线号清晰;4)配电箱内进线处防火封堵和防水密闭完整;5)配电箱外壳接地配件齐全;6)配电箱安装位置便于操作,无水淋、水淹的隐患	
13	EPS	1)箱体外观良好,外壳接地配件齐全;2)箱体和电池柜内无灰尘,系统图纸无缺失;3)切非时在主点失电后可及时逆变至电池供电	
14	桥架、穿线管	1)桥架、穿线管横平竖直,支架完整不缺失;2)丝头连接处跨接地线完整;3)防火桥架连接处跨接地线完整;4)伸缩缝处桥架、穿线管有完整的补偿措施	
15	电缆敷设与电缆头制作安装	1)电缆在桥架内敷设横平竖直,无缠绕、盘圈现象;2)电缆在立段桥架、配电箱内、电缆支架上需悬挂电缆牌;3)电缆进箱、柜需做好防火封堵和防水密闭;4)电缆头制作安装需满足规范要求,有色标、有线号,接线牢固,有专用的电缆接头;5)桥架内和穿线管内不得有中间接头	
16	接地	1)所有预留点位设置符合图纸要求;2)过伸缩缝处需预留余量;3)预留的检测点位置与数量与图纸一致;4)接地干线跨接处与图纸要求的距离和数量一致;5)接地干线连接的做法与图纸要求一致	

续表

序号	验收内容	接收标准	备注
17	安防监控系统	1)安装位置、安装数量符合图纸要求，摄像头视野无遮挡；2)设备安装牢固；3)监控中心图像清晰，无雪花点；4)录像的调用、储存、回放等功能正常	
18	门禁系统	1)读卡器安装牢固；2)门禁能够通过门禁卡正常开启，前行进入报警功能正常；3)控制中心能够远程操作门禁系统；4)火灾联动时工作正常	
19	电动液压井盖	1)安装固定牢固；2)能够实现就地、远程的操作，开、关信号正常；3)井盖上方无障碍物	
20	电子巡查系统	1)巡查路径能正确上传至控制中心；2)巡查点满足图纸要求	
21	防火门	1)防火门外表无损坏，防火漆无脱落；2)防火门开启、关闭无阻碍；3)闭门器功能正常；4)门框四周的防火密闭完好	
22	栏杆	栏杆固定牢固，高度合理，无腐蚀，无锈点	
23	出地面节点	1)廊内节点处无渗漏水；2)地面在节点处标示桩明显，指示准确；3)没有阻挡打开节点盖板的障碍物	
24	管廊出入口	1)出入口门窗安装牢固，无损坏；2)出入口内门禁设施，监控设施，消防设施完整，功能正常无损坏	

4.3　管线入廊及验收管理

管线单位入廊的办理程序，按图 4.3-1 入廊流程图进行，所使用的表格文件主要包括入廊申请表、入廊施工申请表、管线完工验收表等，见表 4.3-1～表 4.3-5。

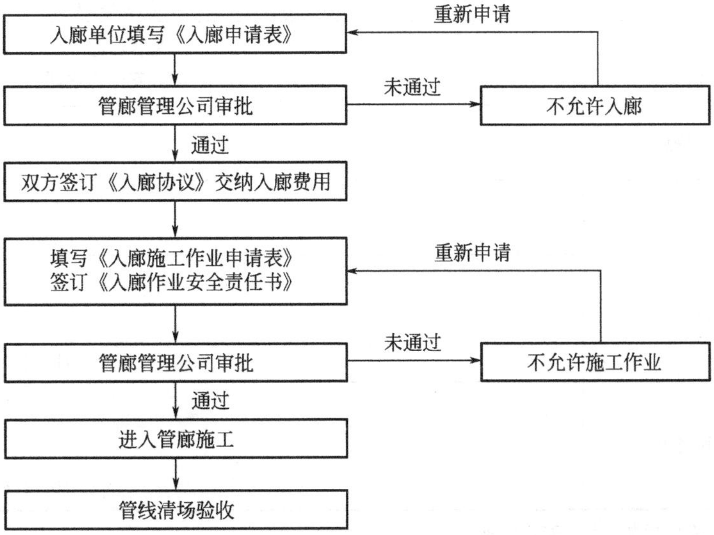

图 4.3-1　入廊流程图

入廊申请表 **表 4.3-1**

项目名称			
申请单位名称		法人代表	
申请单位地址		经办人及电话	
计划施工起讫期			
管线类型		管线型号	
孔数	长度(m)	入廊路段及范围	
申请单位	年　月　日(盖章)		
管廊管理公司意见	年　月　日(盖章)		

注：1. 此表一式三份，申请单位一份，管廊管理公司二份。
2. 申请单位有效的营业执照 A4 复印件 1 份（需加盖申请单位公章）。
3. 经办人的身份证（正反面）A4 复印件 1 份（需加盖申请单位公章）。
4. 经办人授权委托书原件 1 份（需加盖申请单位公章）。

入廊施工作业申请表 **表 4.3-2**

项目名称			
申请单位名称			
施工负责人及电话		作业人数	
作业地点		作业时间	
是否有 动火作业		是否已办理 动火安全作业证	
主要作业内容特点			
主要安全注意事项			
申请单位	年　月　日(盖章)		
管廊管理公司意见	年　月　日(盖章)		

注：1. 动火作业需另行办理动火安全作业证。
2. 此表后附管线施工图纸、施工方案、施工安全责任书等资料。
3. 此表一式三份，申请单位一份，管廊管理公司二份。

动火作业申请表　　　　**表 4.3-3**

<table>
<tr><td>表格编号</td><td></td><td>申请作业单位</td><td></td></tr>
<tr><td>作业项目</td><td colspan="3"></td></tr>
<tr><td>作业路段</td><td></td><td>动火等级</td><td>□特级　□一级　□二级</td></tr>
<tr><td>动火地点</td><td></td><td>动火负责人</td><td></td></tr>
<tr><td>动火作业人</td><td></td><td>监护人</td><td></td></tr>
<tr><td colspan="4">作业内容描述：</td></tr>
<tr><td colspan="4">有效期：从　年　月　日　时　分　到　年　月　日　时　分</td></tr>
<tr><td colspan="4">动火作业类型：□焊接　□气割　□切削　□燃烧　□明火　□研磨　□打磨　□钻孔　□破碎　□锤击　□使用内燃发动机设备　□使用非防爆的电气设备　□其他特种作业　□其他</td></tr>
<tr><td colspan="4">可能产生的危害：□爆炸　□火灾　□灼伤　□烫伤　□机械伤害　□中毒　□辐射　□触电　□泄漏　□窒息　□坠落　□落物　□掩埋　□噪声　□其他</td></tr>
<tr><td>序号</td><td colspan="2">安全措施</td><td>确认人</td></tr>
<tr><td>1</td><td colspan="2">作业前安全教育，对作业人员进行安全告知、技术交底
教育人：　　　　　　受教育人：</td><td></td></tr>
<tr><td>2</td><td colspan="2">监护人(　　)已到位</td><td></td></tr>
<tr><td>3</td><td colspan="2">动火点周围水井、地沟、电缆沟等已清除易燃物，并已采取覆盖、铺沙等方式进行隔离</td><td></td></tr>
<tr><td>4</td><td colspan="2">个人防护用品配备齐全</td><td></td></tr>
<tr><td>5</td><td colspan="2">已采取防火花飞溅措施</td><td></td></tr>
<tr><td>6</td><td colspan="2">动火点周围易燃物已清除</td><td></td></tr>
<tr><td>7</td><td colspan="2">电焊回路线已接在焊件上，把线未穿过下水井或其他设备搭接</td><td></td></tr>
<tr><td>8</td><td colspan="2">乙炔气瓶(直立放置)与氧气瓶间距大于 5m，配有防倾倒装置，气瓶与火源间距大于 10m</td><td></td></tr>
<tr><td>9</td><td colspan="2">现场配备消防蒸汽带(　　)根，灭火器(　　)台，铁锹(　　)把，石棉布(　　)块</td><td></td></tr>
<tr><td>10</td><td colspan="2">其他安全措施：

编制人：</td><td></td></tr>
<tr><td rowspan="4">审批</td><td colspan="3">动火作业单位负责人：

(盖章)

年　月　日　时　分</td></tr>
<tr><td colspan="3">监护人：　　　　年　月　日　时　分</td></tr>
<tr><td colspan="3">运营部门：　　　　年　月　日　时　分</td></tr>
<tr><td colspan="3">管廊管理公司：　　　　年　月　日　时　分</td></tr>
<tr><td>完工验收</td><td colspan="3">动火作业结束，检查确认无残留火源和隐患，灭火器放置原位，现场环境已清理，关闭作业。

运营部门：　　　　年　月　日　时　分</td></tr>
</table>

注：1. 动火作业人和监护人可填多个。

2. 动火作业人的特种作业证复印件附后。

动火作业票 **表 4.3-4**

编号		申请单位		申请人	
动火装置,实施部位及内容					
动火人			监护人		
动火时间	年 月 日 时 分至 年 月 日 时 分				

序号	用火主要安全措施	确认签字
1	用火设备内部构件清理干净,吹扫置换或清洗合格,达到用火条件	
2	用火点周围(最小半径 15m)已清除易燃物,并已采取覆盖、铺沙、水封等手段进行隔离	
3	高处作业应采取防火花飞溅措施	
4	电焊回路线应接在焊件上,把线不得穿过下水井或与其他设备搭接	
5	乙炔气瓶(禁止卧放)、氧气瓶与火源间的距离不得少于 10m	
6	现场配备消防蒸汽带( )根,灭火器( )台,铁锹( )把,防火布( )块	
7	其他安全措施	

危险、有害因素识别:

申请单位:	运营部门审批意见:	现场巡检人员确认:
(盖章) 年 月 日	年 月 日	年 月 日

完工确认: 年 月 日 时分动火作业结束,检查确认无残留火源和隐患,灭火器放置原位,现场环境已清理,关闭作业。

监护人: 年 月 日 时 分

注: 1.每一个动火点需要单独办理作业票，每日施工完成后由监护人确认现场无安全隐患后方可离场。

2.本票一式两份，一份留运营部门存档，一份现场动火人随身携带。

3.本票过期作废。

入廊管线清场验收申请表　　　**表 4.3-5**

<table>
<tr><td colspan="2">致：××××管廊管理公司

我公司＿＿＿＿路＿＿＿＿管线入廊作业已完成，已按行业规定验收完成，现申请予以清场验收。

申请单位(签字盖章)：＿＿＿＿＿＿
日　　期：＿＿＿＿＿＿</td></tr>
<tr><td colspan="2">验收情况：</td></tr>
<tr><td>管线排放与入廊作业方案符合情况</td><td></td></tr>
<tr><td>临时措施拆除与恢复情况</td><td></td></tr>
<tr><td>作业场所清理情况</td><td></td></tr>
<tr><td>成品保护情况</td><td></td></tr>
<tr><td>其他</td><td></td></tr>
<tr><td colspan="2">管廊管理公司意见：

年　　月　　日(盖章)</td></tr>
</table>

注：此表一式三份，入廊单位一份，管廊管理公司二份。

入廊作业安全责任书

施工路段：____________________

施工内容：____________________

入廊单位：____________________

施工期限：____________________

为了切实加强现场安全文明施工管理，依照《中华人民共和国安全生产法》等相关法律法规和《建筑施工安全检查标准》JGJ 59—2011等标准规范的要求，签订本责任书。

入廊单位安全责任

1.入廊单位本次项目施工负责人（姓名：__________；联系电话：__________）为入廊单位安全生产责任人，负责该项目入廊施工的日常安全管理工作，配备专职安全员（姓名：__________；联系电话：__________）负责监管安全施工作业。

2.遵守管廊管理公司提出的各种合理要求、各项法律法规、制度，不得违章指挥、违章作业、违反劳动纪律，并严格落实岗位责任制。

3.进入管廊施工前，应严格遵守国家有关法律法规和管廊管理公司的各项安全管理制度，对进入施工现场所有人员，做好三级安全教育，安全技术交底，同时填写书面记录，提交管廊管理公司备案。

4.入廊单位每次更换和调动人员，必须事先向管廊管理公司通报，并落实好各项手续，否则由此造成的一切后果和责任事故，由入廊单位承担。

5.进入管廊施工前，须到管廊管理公司办理施工申请，提交相关施工方案（方案内容包括：现场物料堆场的设置、施工工艺、安全措施、应急措施、施工进度安排等内容。）和设计图纸、所有施工作业人员名单及身份证复印件、特种作业人员的专业资格证书复印件、安全员证复印件等（以上复印件加盖公章）。经审批同意后，到管廊管理公司办理管廊临时施工出入证后方可按规定进入管廊施工。

6.严格遵守安全生产规章制度和管廊施工管理规定，自觉接受管廊管理公司的安全监督、管理、指导及纠违执罚，做好安全文明施工作业。

7.入廊单位施工作业人员，必须遵守安全生产纪律，进入施工现场必须正确戴好安全帽，在作业中严格遵守安全技术操作规程，安全上岗，不违章作业，不擅离工作岗位，不乱串工作岗位。

8.入廊单位所使用的施工机械必须要有相应的合格证书、检测报告等，并落实维修保养制度。机械设备现场要有专人管理，做到经常检查，发现问题及时整改。

9.对管道吊装作业、管道焊接、焊接后的无损检测等复杂的和危险性较大的施工项目，应制订单独的安全技术措施，经管廊管理公司审查合格后实施。

10.入廊单位如需使用管廊内设备、设施，或需在管廊内动火作业，必须提出申请并经管廊管理公司的审查同意，且对其安全防护措施有效性负责和承担相应安全责任。

11.未经管廊管理公司允许，不得随意进入申请施工作业区域外的场所，不得触摸、启动电器等设备，否则应承担由此引起事故的全部责任。

12.任何人员均不得在施工区、生活区打架斗殴、酗酒赌博以及做其他违法违规的事情。

13. 入廊单位每天作业完成后，要对作业面的工具、材料、垃圾进行整理、清扫、并拉闸断电，确保施工现场整洁、安全。

14. 严禁酒后上岗。因此引发的一切事故由入廊单位承担。

15. 入廊单位对施工现场安全生产负总责。任何人员、第三人在施工现场发生伤亡事故的，除依法由第三责任人承担责任以外，均由入廊单位承担全部责任。

16. 因入廊单位原因，造成管廊管理公司重大经济损失或受到有关行业管理部门经济处罚的，一切损失由入廊单位负责赔偿。

17. 不得安排未经有关部门培训、考核的人员无证人员和未在管廊管理公司登记备案的人员从事特殊工种作业。

18. 发生任何不安全情况和安全事故，应立即报告管廊管理公司。

19. 入廊单位对施工项目的安全作业及现场施工作业人员的人身安全负责。

20. 入廊单位应保护好管廊实体工程，如入廊单位在施工过程中对管廊实体发生损坏，由管廊管理公司确认后，入廊管线单位负责修复，管廊管理公司有权进行经济处罚，停止入廊单位施工作业。

入廊单位（盖章）：

负责人签名：

年　月　日

第5章 入廊费及日常维护费管理

综合管廊虽然社会效益显著，但一次性建设投资巨大，部分地区每公里甚至需要上亿资金。国内关于综合管廊的研究大部分集中在规划、设计及投融资模式，对管廊入廊费及日常维护费研究较少。入廊费主要用于弥补管廊建设成本，由入廊管线单位向管廊建设运营单位一次性支付或分期支付。日常维护费主要用于弥补管廊日常维护、管理支出等，由入廊管线单位按确定的计费周期向管廊运营单位逐期支付。

本章对入廊费的计算原则和方法、日常维护费的构成、费用收取和支出进行了介绍，并以某管廊典型断面为例对日常维护费的分摊进行了分析，为综合管廊入廊费和日常维护费的计算提供参考。

5.1 入廊费分析

5.1.1 入廊费测算原则

由于综合管廊的建设具有综合效益，受益的主体多样，因此将其费用在各相关主体间合理的分配可以减轻政府的财政负担，从而有力地推动综合管廊的建设，在费用分摊中，首先需要明确的是分摊的思想与原则。根据公共产品的一般理论，结合综合管廊的具体情况，以下这些原则在实践与理论研究中已基本获得共识：

（1）综合管廊费用分摊者应包括相关各级政府、所有管线参与单位；

（2）综合管廊费用分为主体设施建设费用、附属设施建设费用、主体设施维护管理费用以及附属设施维护管理费用四项；

（3）政府代表社会大众（主要受益者），按“受益者付费”原则负担相应费用；

（4）扣除政府负担的剩余费用由管线单位按“使用者付费”原则分摊；

（5）费用分摊方式与分摊比例的选择应反映公平性、合理性，并为大部分相关单位所接受；

（6）考虑各管线单位财务负担能力时，可依实际状况调整其费用摊付年限，选定适当的利率逐年摊付其负担金额或由政府机关适当补助。

按照上述原则，综合管廊的费用分摊分为两个阶段，首先考虑管线传统铺设成本，并按“受益者付费”原则，确定政府与管线单位负担的比例；其次，对于管线单位的分摊比例按“使用者付费”原则确定，若无法明确定义“使用程度”，则以平均分摊方式处理。

5.1.2 测算方法

（1）直埋敷设成本＋间接成本

本方法理论上不增加各管线单位的负担，各管线单位不论从投资资金还是心理上都相对容易让管线单位接受，具体的计算公式如下：

各管线入廊费＝对应各管线的直埋成本×各管线 100 年内重复敷设次数 n＋间接成本。

其中间接成本按“对应各管线的直埋成本×各管线 100 年内重复敷设次数 n”的 5％取值。

各专业管线在地下综合管廊全寿命周期内（100 年），在道路重复敷设的次数参照各专业管线设计规范，建议在综合管廊寿命期内所涉路段管线更新次数如下：低压电力施工按 3.333 次（设计年限 30 年）、通信管线施工按 6.667 次计（设计年限 15 年），给水施工按 2 次（球墨铸铁管设计年限 50 年）、污水施工按 2 次（HDPE 缠绕管设计年限 50 年）、燃气按 3.333 次计（设计年限 30 年），高压架空电力管线施工按 3.333 次计（设计年限 30 年）。

（2）管廊建设成本分摊法

将管廊的建设成本按照各管线在管廊中的空间占比进行分配，可以消除政府投资建设管廊的债务，但是会增加管线单位的入廊成本，具体的计算公式如下：

各管线入廊费＝管廊建设成本×各管线在管廊中的空间占比。其中空间占比包括管线实际占用空间、各管线专属空间、公共空间平分三部分。

5.2　日常维护费分析

从国内部分已运营管廊的运维管理情况来看，在传统的运维管理模式下比较合理的运维管理费用约在每公里 40 万～60 万（假定 2 舱室、不计大中修及更新改造），费用按照舱室多少有略微提升。

5.2.1　维护费用构成

综合管廊的日常维护费用指管廊自身及其附属设施的运营费用，主要包括人员费用、养护费用、运行费用、专业检测费用、应急处置费用（或不可预见费）、大中修及更新改造及相关税费等，而入廊管线自身的安装、运维费用、折旧费用等由各管线单位自行承担。

1. 人员费用

人员费用是指保证运维管理单位工作正常开展所需管理、技术人员的人工支出，此项按照运维管理单位人员编制和当地就业人员平均工资确定。

2. 养护费用

养护费用包括主体结构、附属设施设备（网络设备、现场控制器、传感器、配电设备、排风机、水泵、照明灯具等）的保洁、保养、维修费用。日常养护费用依据设施量和保洁、保养、维修频次计算。

3. 运行费用

（1）日常费用：主要用于维持管廊业务正常开展所支出的办公费、车辆使用费、劳动保护费以及差旅费等。

（2）水电费：主要用于配电设备、监控设备、水泵、风机、照明等用电支出以及管廊卫生保洁用水支出。

4. 专业检测费用

专业检测费用包括管廊沉降和位移观测费及消防年检费等。

5. 应急处理费

应急处置费用是指因自然灾害等不可抗力或无法追溯责任的事故造成损失的修复和赔（补）偿费用。

6. 运维管理单位利润

运维管理单位利润可由业主单位和运维管理单位双方根据运营服务要求和质量共同确定。

7. 相关税费

按技术服务行业营改增相应税率计税。

5.2.2 维护费分摊

日常维护费主要用于弥补管廊日常维护、管理支出，由入廊管线单位按确定的计费周期向管廊运维管理单位支付。各管线单位支付的日常维护费用可按照使用空间进行分摊，具体划分原则如下：

（1）综合管廊使用空间首先按照舱室进行划分；

（2）各舱室空间分为公共空间与管线的使用空间；

（3）各舱室相近相似管线组成一个单元，以单元为基础计算使用空间；

（4）单元内部之间管线按使用空间进行分摊；

（5）公共空间是管廊内部空间减去各单元所占空间之和，公共空间按照管线单元平摊。

管线使用空间存在两种计算方式，一种方式计算管线占用的空间，包含管线支架、基础等，另一种方式将各个单元由于其安全距离等原因，造成其他管线无法使用的空间，划分到这一单元区域中。本书以某单舱和三舱管廊为例，计算分析两种方式。

单舱综合管廊总长 901.35m，三舱管廊总长 5580m，由其断面图可知总的空间体积为：

第一种管线使用空间计算方式，划分空间如图 5.2-1(*a*)、(*b*) 所示。

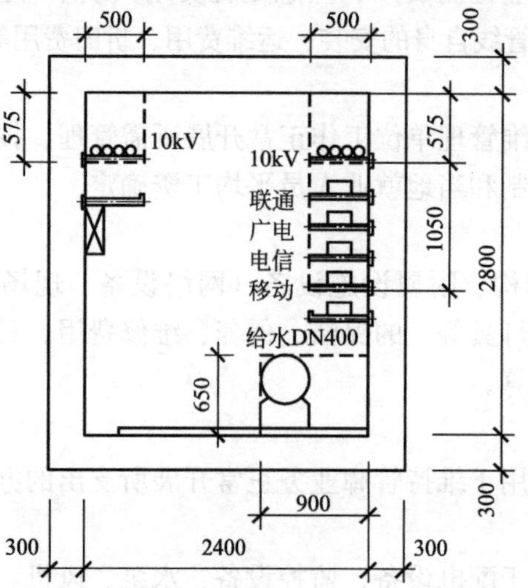

(*a*) 单舱

图 5.2-1　标准断面图截面划分一（一）

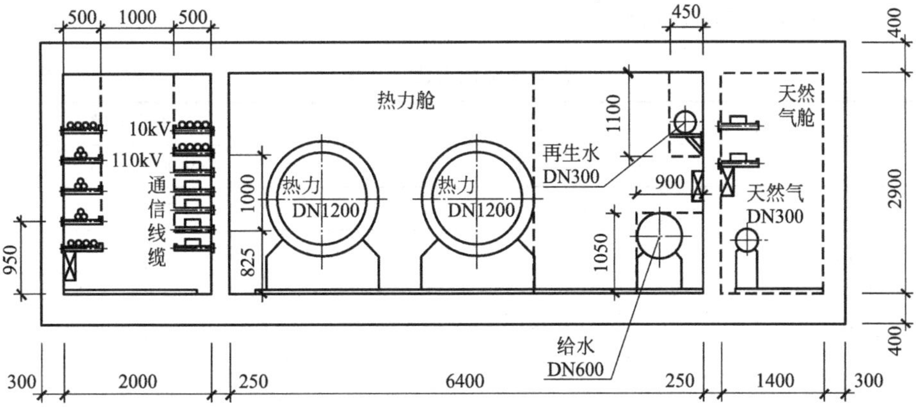

(b) 三舱

图 5.2-1　标准断面图截面划分一（二）

第二种管线使用空间计算方式，划分空间如图 5.2-2(*a*)、(*b*) 所示。

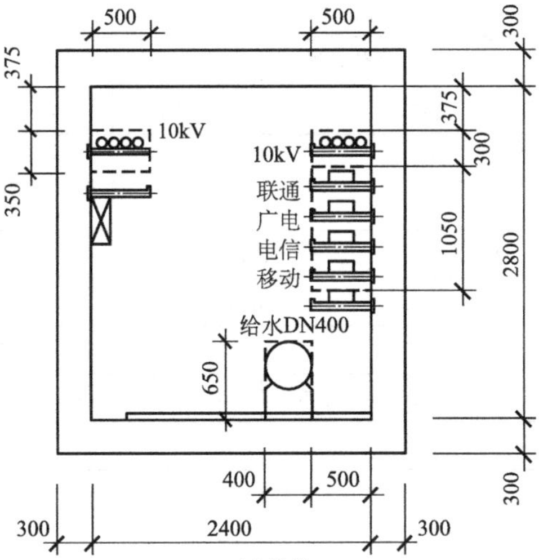

(a) 单舱

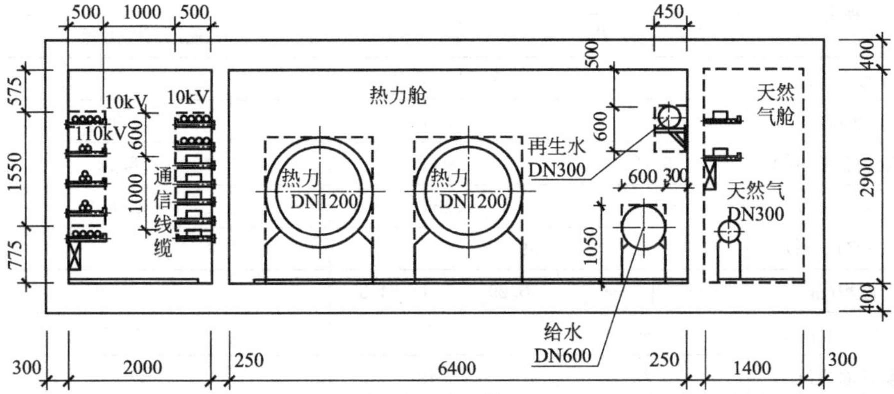

(b) 三舱

图 5.2-2　标准断面图截面划分二

采用这两种计算方法，得到各个单元的空间占比如表 5.2-1 所示。

各管线空间占比计算表 **表 5.2-1**

单元种类		给水管				电力电缆			
		A	公共 1	B	公共 2	A	公共 1	B	公共 2
第一种	面积(m^2)	0.59	5.01/3	0.95	5.22/3	0.58	5.01/3	1.53	3.78/2
	总面积(m^2)	2.26		2.69		2.25		3.42	
	舱室面积(m^2)	6.72		28.42		6.72		28.42	
	长度(m)	901.35		5580		901.35		5580	
	占空比(%)	10.36				12.82			
第二种	面积(m^2)	0.26	5.61/3	0.63	11.64/3	0.32	5.61/3	1.07	4.22/2
	总面积(m^2)	2.13		4.51		2.19		3.18	
	舱室面积(m^2)	6.72		28.42		6.72		28.42	
	长度(m)	901.35		5580		901.35		5580	
	占空比(%)	16.47				11.98			
单元种类		通信电缆				热力水管			
		A	公共 1	B	公共 2	A	公共 1	B	公共 2
第一种	面积(m^2)	0.52	5.01/3	0.5	3.78/2	—	—	11.88	5.22/3
	总面积(m^2)	2.19		2.39		—		13.62	
	舱室面积(m^2)	6.72		28.42		6.72		28.42	
	长度(m)	901.35		5580		901.35		5580	
	占空比(%)	9.4				46.16			
第二种	面积(m^2)	0.53	5.61/3	0.5	4.22/2	—	—	6	11.64/3
	总面积(m^2)	2.4		2.61		—		9.88	
	舱室面积(m^2)	6.72		28.42		6.72		28.42	
	长度(m)	901.35		5580		901.35		5580	
	占空比(%)	10.17				33.49			
单元种类		再生水管				天然气			
		A	公共 1	B	公共 2	三舱断面图中燃气舱室			
第一种	面积(m^2)	—	—	0.5	5.22/3	—			
	总面积(m^2)	—		2.24		4.06			
	舱室面积(m^2)	6.72		28.42		28.42			
	长度(m)	901.35		5580		5580			
	占空比(%)	7.59							
第二种	面积(m^2)	—	—	0.29	11.64/3	—			
	总面积(m^2)	—		4.17		4.06			
	舱室面积(m^2)	6.72		28.42		28.42			
	长度(m)	901.35		5580		5580			
	占空比(%)	14.13				13.76			

其中，A 代表单舱标准断面，B 代表三舱断面；公共 1 代表单舱断面的公共空间，公共 2 代表三舱断面公共空间。

由表 5.2-1 可知：

（1）对于电力电缆及通信线缆而言，无论两种分配方式的哪一种，对其占空比影响不大。

（2）对于热力水管而言，第二种计算占空比的方式可以减少其计算值，使得再生水管及给水管的计算值变大。

（3）对于给水管和再生水管而言，第二种占空比的计算方式，使其的计算值变大。

（4）对于天然气舱室而言，由于其是独立成舱，故而无论哪种计算方式都对其计算占空比没有影响。

（5）根据其占空比的对比情况，由于第二种计算方式使得各个管线间，所占空间比例（最大占孔比与最小占空比相差 23.32%）比第一种方式（最大占孔比与最小占空比相差 36.76%）较小。

因为综合管廊舱室空间是由所有管线单元共舱的效果，舱室高度和宽度不是单一的管线单元所决定，而是多个单元相互协调整合造成，故不应以单一管线单元放置位置影响其他管线放置，而判定该部分空间是由该管线单元承担，所有第二种计算方式相对公平合理。

5.3　费用收取

因综合管廊收费涉及多方利益，需要国家层面的顶层设计，建立多部门、多单位协调机制，协调地方政府和管线单位利益合理分配，根据市场化原则进行详细测算。相关部委出台政策文件，积极鼓励各管线入廊，并配合综合管廊有偿使用费用的测算，并提供相关测算资料。增加管廊收费标准测算资料收集途径，除了从管线单位收集资料以外，多部门收集测算基础资料，比如收集城市管网普查资料，收集管线设计、施工资料，参照城市水费、燃气费用等定价材料中的相关数据，增加基础数据资料的合理性和全面性。建立综合管廊收费问题的协调机制，除了便于确立综合管廊收费机制和标准，更为后期确保执行收费标准提供保证。

制订综合管廊收费标准时，应将针对管线单位的“使用者付费”原则，延伸扩大到针对全项目和大区域的“受益者付费”原则，将政府和管线单位因综合管廊建设的获得或节省的效益一起考虑。综合管廊项目可能会附带产生土地效益、交通效益、环境效益等，从整个项目和整个区域全局考虑综合管廊项目的收益，通过系统方法计算，分析政府和管线单位因该综合管廊项目而获得或节省的成本，从而确定政府和管线在该项目和区域中承担的建设费用比例。从整个项目和区域的角度出发，采用“受益者付费”原则，政府和管线单位承担相对公平、合理的责任，保证综合管廊的可持续性建设。

完善综合管廊收费标准，依据综合管廊建设区域和时序，考虑项目预期入廊率，区分设置综合管廊的收费时限和收费金额（如区分新区、旧区建设管廊，分别设置管廊开始收费的时间、分摊年限及每年分摊金额等），寻找最适当的管线单位缴费时间和金额，才能保证管线单位的积极配合，减少政府的财政压力，最终政府和管线单位达到双赢，保证综合管廊项目建设的可持续性。

5.4 费用支出

1. 入廊费

入廊费可按照入廊管线权属单位分摊地下综合管廊建设总投资比例（含道路占用挖掘修复费用，不含管材购置及安装费用）和入廊管线在地下综合管廊内实际敷设长度、建设内容进行计收，主要用于弥补地下综合管廊建设成本和以后大中修及更新改造支出。

2. 日常维护费

日常维护费根据地下综合管廊及其附属设施维修、更新等成本，以及管线占用地下综合管廊空间比例、对附属设施使用强度等因素，按照合理分担原则确定，主要用于地下综合管廊日常维护、管理支出，不包括管线设施日常维护、管理支出费用（管线入廊协议或合同另有约定的除外）。

第 6 章　土建结构管理

综合管廊土建结构管理包括综合管廊结构及设施管理，内容分为日常巡检与检测、维修保养、专业检测和大中修管理。日常巡检与监测、维修养护由运营部门负责，专项检测、大中修委托具有相应资质的服务机构实施。

6.1　日常巡检与监测

6.1.1　日常巡检

土建结构日常巡检对象一般包括管廊内部、地面设施、保护区周边环境、供配电室、监控中心等，检查的内容包括结构裂缝（图 6.1-1）、损伤、变形、渗漏（图 6.1-2）等，通过观察或常规设备检查判识发现土建结构的现状缺陷与潜在安全风险。

土建结构的日常巡检应结合管廊年限、运营情况等合理确定巡检方案、巡检频次，频次应至少一周一次，在极端异常气候、保护区周边环境复杂等情况，宜增加巡检力量、提高巡检频率。日常巡检应分别在综合管廊内部及地面沿线进行（宜同步开展），对需改善的和对运行有影响的设施缺陷及事故情况应做好检查记录，实地判断原因和影响范围，提出处理意见，并及时上报处理。

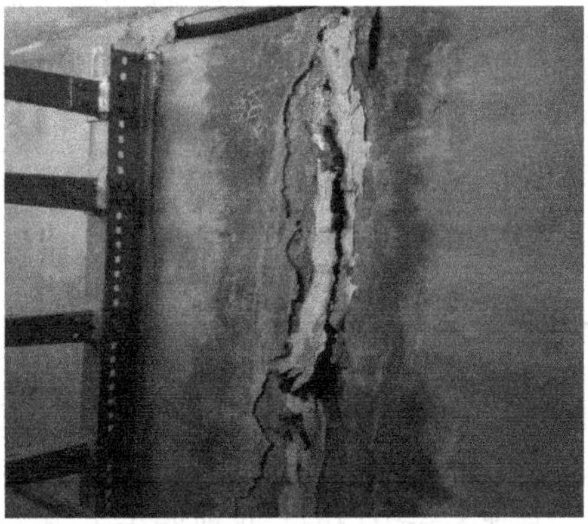

图 6.1-1　土建结构裂缝

图 6.1-2　土建结构、投料口渗漏水

综合管廊土建结构日常巡检的主要内容及方法如表 6.1-1 所示。

日常巡检内容及方法　　　　**表 6.1-1**

项目		内容	方法
管廊主体结构	结构	是否有变形、沉降位移、缺损、裂缝、腐蚀、渗漏、露筋等	目测、尺测
	变形缝	是否有变形、渗漏水，止水带是否损坏等	
	排水沟	沟槽内是否有淤积	
	装饰层	表面是否完好，是否有缺损、变形、压条翘起、污垢等	
	爬梯、护栏	是否有锈蚀、掉漆、弯曲、断裂、脱焊、破损、松动等	
	管线引入(出)口	是否有变形、缺损、腐蚀、渗漏等	
	管线支撑结构	支(桥)架是否有锈蚀、掉漆、弯曲、断裂、脱焊、破损等	
		支墩是否有变形、缺损、裂缝、腐蚀等	
	施工作业区	施工情况及安全防护措施等是否符合相关要求	
地面设施	人员出入口	表观是否有变形、缺损、堵塞、污浊、覆盖异物，防盗设施是否完好、有无异常进入特征，井口设施是否影响交通，已打开井口是否有防护及警示措施	
	雨污水检查井口		
	逃生口、吊装口		
	进(排)风口	表观是否有变形、缺损、堵塞、覆盖异物，通道是否通畅，有无异常进入特征，格栅等金属构配件是否安装牢固、有无受损、锈蚀	
保护区周边环境	施工作业情况	周边是否有临近的深基坑、地铁等地下工程施工	目测、问询
	交通情况	管廊顶部是否有非常规重载车辆持续经过	
	建筑及道路情况	周边建筑是否有大规模沉降变形，路面是否发现持续裂缝	
监控中心		主体结构是否有沉降变形、缺损、裂缝、渗漏、露筋等；门窗及装饰层是否有变形、污浊、损伤及松动等	目测
供配电室			

6.1.2 日常监测

管廊土建结构的日常监测是采用专业仪器设备，对土建结构的变形、缺陷、内部应力等进行实时监测（图 6.1-3），及时发现异常情况并预警的运维管理方法。

图 6.1-3　管廊沉降监测

目前的土建结构日常监测以土建结构沉降位移实时监测为主，结合位移值及位移速率判断综合管廊结构稳定特征，对出现日常监测超警戒值情况，需做好检查记录，实地判断原因和范围，提出处理意见，并及时上报处理。

常见的结构沉降监测设备为静力水准系统，其结构一般由静力水准仪及安装架、液体连通管及固定配件、通气连通管及固定配件、干燥管、液体等组成。安装方式分测墩式安装和墙壁式安装两种，视现场条件和设计要求选定。目前在我国推广应用的静力水准仪技术中主要使用的传感器为振弦式、电容式、光电式等。

6.2　维修保养

运维单位在管廊日常运维过程中，应结合日常巡检与监测情况对管廊土建结构进行维修保养，建立维保记录，并定期统计易损耗材备件消耗及其他维修情况，分析原因，形成总结报告。

土建结构结构维修保养工作由运维单位实施，主要包括经常性或预防性的保养和小规模维修等内容，以恢复和保持土建结构的良好使用状态。

6.2.1　土建结构保养

土建结构保养以管廊内部及地面设施为主，主要包括管廊卫生清扫、设施防锈处理等，具体内容如表 6.2-1 所示。

土建结构的保养内容　　表 6.2-1

项目		内容
管廊内部	地面	清扫杂物，保持干净
	排水沟、集水坑	淤泥清理
	墙面及装饰层	清除污点，局部粉刷
	爬梯、护栏、支(桥)架	除尘去污，防锈处理
地面设施	人员出入口	清扫杂物，保持干净通畅
	雨污水检查井口	
	逃生口、吊装口	
	进(排)风口	除尘去污，防锈处理，保持通畅
监控中心		清扫杂物，保持干净
供配电室		

6.2.2　土建结构维修

综合管廊土建结构的维修主要针对混凝土（砌体）结构的结构缺陷与破损、变形缝的破损、渗漏水、构筑物及其他设施（门窗、格栅、支（桥）架、护栏、爬梯，螺丝）松动或脱落、掉漆、损坏等，以小规模维修为主，具体见表 6.2-2。

土建结构主要维修内容 表 6.2-2

维修项目	内容	方法
混凝土(砌体)结构	龟裂、起毛、蜂窝麻面	砂浆抹平
	缺棱掉角、混凝土剥落	环氧树脂砂浆或高强度水泥砂浆及时修补,出现露筋时应进行除锈处理后再修复
	宽度大于 0.2mm 的细微裂缝	注浆处理,砂浆抹平
	贯通性裂缝并渗漏水	注浆处理,涂混凝土渗透结晶剂或内部喷射防水材料
变形缝	止水带损坏、渗漏	注浆止水后安装外加止水带
钢结构管廊	钢管壁锈蚀	将锈蚀面清理干净后,采取防锈措施
	焊缝断裂	焊接段打磨平整,并清理干净后,采取措施
构筑物及其他设施	门窗、格栅、支(桥)架、护栏、爬梯,螺丝松动或脱落、掉漆、损坏等	维修、补漆或更换等
管线引入(出)口	损坏、渗漏水	柔性材料堵塞、注浆等措施

6.3 专业检测

专业检测是采用专业设备对综合管廊土建结构进行的专项技术状况检查、系统性功能试验和性能测试，土建结构中以结构检测为主，包括渗漏水检测等内容。

土建结构的专业检测一般应在以下种情况下进行：

(1) 经多次小规模维修，结构劣损或渗漏水等情况反复出现，且影响范围与程度逐步增大，应结合具体情况进行专业检测；

(2) 经历地震、火灾、洪涝、爆炸等灾害事故后，应进行专业检测；

(3) 受周边环境影响，土建结构产生较大位移，或监测显示位移速率异常增加时，应进行专业检测；

(4) 达到设计使用年限时，应进行专业检测；

(5) 需要进行专业检测的其他情况。

6.3.1 专业监测要求

专业检测应符合以下要求：

(1) 检测应由具备相应资质的单位承担，并应由具有综合管廊或隧道养护、管理、设计、施工经验的人员参加；

(2) 检测应根据综合管廊建成年限、运营情况、周边环境等制订详细方案，方案应包括检测技术与方法、过程组织方案、检测安全保障、管廊正常运营保障等内容，并提交主管部门批准；

(3) 专业检测后应形成检测报告，内容应包括土建结构健康状态评价、原因分析、大中修方法建议，检测报告应通过评审后提交主管部门。

6.3.2 专业监测内容与方法

土建结构的专业检测项目内容应结合现场情况确定，一般主要集中在结构裂缝、结构内部缺陷、混凝土强度、横断面变形、沉降错动、结构应力及渗漏水情况，具体内容及方法如表 6.3-1 所示。

土建结构专业检测内容及方法　　　　表 6.3-1

项目名称		检验方法	备注
裂缝	宽度	裂缝显微镜或游标卡尺	裂缝部位全检，并利用表格或图形的形式记录裂缝位置、方向、密度、形态和数量等因素
	长度	米尺测量	
	深度	超声法、钻取芯样	
结构缺陷检测	外观质量缺陷	目视、尺量和照相	缺陷部位全检，并利用图形记录
	内部缺陷	地质雷达法、声波法和冲击反射法等非破损方法，辅以局部破损方法进行验证	结构顶和肩处，3 条线连续检测
	结构厚度		每 20m(曲线)或 50m(直线)一个断面，每个断面不少于 5 个测点
	混凝土碳化深度	用浓度为 1%的酚酞酒精溶液(含 20%的蒸馏水)测定	每 20m(曲线)或 50m(直线)一个断面，每个断面不少于 5 个测点
	钢筋锈蚀程度	地质雷达法或电磁感应法等非破损方法，辅以局部破损方法进行验证	每 20m(曲线)或 50m(直线)一个断面，每个断面不少于 3 个测区
混凝土强度		回弹法、超声回弹综合法、后装拔出法等	每 20m(曲线)或 50m(直线)一个断面，每个断面不少于 5 个测点
横断面测量	结构变形	全站仪、水准仪或激光断面仪等测量	异常的变形部位布置断面
	结构轮廓	激光断面仪或全站仪等	每 20m(曲线)或 50m(直线)一个断面，测点间距≤0.5m
	结构轴线平面位置	全站仪测中线	每 20m(曲线)或 50m(直线)一个断面
	管廊轴线高程	水准仪测	每 20m(曲线)或 50m(直线)一个测点
沉降错动		水准仪测、动态监测	异常的变形部位
结构应力		应变测量	根据监测仪器施工预埋情况选做
渗漏水检测		感应式水位计或水尺测量集水井容积差，计算流量	检测时需关掉其他水源，每隔 2h 读一次数据

土建结构在经历地震、火灾、洪涝等灾害或者爆炸等异常事故后进行的专业检测内容除按照表 6.3-1 要求外，同时可参照表 6.3-2 执行不同侧重点检测。

土建结构在经历灾害和异常事故后的检查　　　　表 6.3-2

灾害和异常事故	检查部位		检查项目
地震	主体结构	混凝土构件	开裂、剥离
		钢结构(端部钢板)	变形
	接头	钢板	钢板变形、焊接处损伤
	其他	地面及周边建筑	地面沉陷、周边建筑变形

续表

灾害和异常事故	检查部位		检查项目
火灾	主体结构	混凝土构件	开裂、剥离
		钢结构(端部钢板)	变形
	接头	钢板	钢板变形、焊接处损伤
爆炸	主体结构	混凝土构件	开裂、漏水、剥离
		钢结构(端部钢板)	漏水、变形
	接头	钢板	钢板变形、焊接处损伤

6.4 结构状况评价

6.4.1 评价方法

参考隧道养护及城市地下空间运营管理等相关规范，针对具体管廊项目，从管廊土建结构（包括监控室、供配电室及管廊主体）入手，结合“结构裂缝、渗漏水、结构材料劣损、结构变形错动、吊顶及预埋件、内装饰、外部设施”7个方面的劣损状况，采用最大权重评分法，开展综合管廊的结构健康状况评价。评价人员结合现场实际检测情况，完成如表6.4-1所示的土建结构健康状况评定表。

土建结构健康状况评定表　　表6.4-1

管廊情况	管廊名称		管廊长度		建成时间		运维单位	
评定情况	上次评定等级		上次评定日期		本次评定单位		本次评定日期	
		状况值						
	编号	结构裂缝	渗漏水	结构材料劣损	结构变形错动	吊顶及预埋件	内装饰	外部设施
监控中心	1							
	2							
	3							
	…							
供配电室	编号							
	1							
	2							
	…							
管廊主体结构	里程							

续表

管廊情况	管廊名称		管廊长度		建成时间		运维单位	
评定情况	上次评定等级		上次评定日期		本次评定单位		本次评定日期	
CI_i								
权重 ω_i								
$CI=100\times\left[1-\frac{1}{4}\sum_{i=1}^{n}\left(CI_i\times\frac{\omega_i}{\sum_{i=1}^{n}\omega_i}\right)\right]$					土建结构评定等级			
运维措施建议								
评定人					负责人			

参考隧道养护规范，评价采用权重评分方式的计算公式如下：

$$CI=100\times\left[1-\frac{1}{4}\sum_{i=1}^{n}\left(CI_i\times\frac{\omega_i}{\sum_{i=1}^{n}\omega_i}\right)\right] \tag{6.4-1}$$

式中：ω_i ——分项权重；

CI_i ——分项状况值，值域 0～4。

$$CI_i=\max(CI_{ij})$$

CI_{ij} ——各分项检查段落状况值；

j ——检查段落号，按实际分段数量取值。

根据综合管廊土建结构劣损状况的重要性不同，界定土建结构各分项权重系数，具体值参照表 6.4-2 所示。

土建结构各分项权重表　　**表 6.4-2**

分项	分项权重 w_i	分项	分项权重 w_i
结构裂缝	15	吊顶及预埋件	10
渗漏水	25	内装饰	5
结构材料劣损	20	外部设施	5
结构变形错动	20		

6.4.2　土建结构劣损状况值划分

管廊土建结构中“结构裂缝、渗漏水、结构材料劣损、结构变形错动、吊顶及预埋件、内装饰、外部设施”7 个方面的劣损状况值划分等级界定见表 6.4-3～表 6.4-9。

结构裂缝状况　　**表 6.4-3**

状况值	劣化状况描述
4	承重结构可见长大贯穿裂缝，裂缝宽度大于 5mm、长度大于 10m
3	承重结构可见贯穿裂缝，裂缝宽度大于 3mm、长度大于 5m
2	承重结构可见非贯穿性裂缝，裂缝影响面积、发育密度较大

续表

状况值	劣化状况描述
1	其他非承重结构混凝土表面有细微裂缝
0	表面无裂缝

土建结构渗漏水状况　　表 6.4-4

状况值	劣化状况描述
4	水突然涌入土建结构，淹没土建结构底部，危及使用安全；对于布设电力线路区段，拱部漏水直接传至电力线路
3	地下结构底部涌水，顶部滴水成线，边墙淌水，造成地下结构底部下沉，不能保持正常几何尺寸，危害正常使用
2	土建结构滴水、淌水、渗水等引起管廊内局部土建结构状态恶化，钢结构腐蚀，养护周期缩短
1	有零星结构渗漏水、雨淋水或结构表面附着凝结水，但不影响土建结构的使用功能，不超过地下工程防水等级Ⅳ级标准
0	无渗漏水

土建结构变形错动状况　　表 6.4-5

状况值	劣化状况描述	
	变形或移动	开裂、错动
4	主体结构移动加速；主体结构变形、移动、下沉发展迅速，威胁使用安全	开裂或错台长度 L 大于 10m，开裂或错台宽度 B 大于 5mm，且变形继续发展，拱部开裂呈块状，有可能掉落
3	变形或移动速度 $\upsilon>10$mm/年	开裂或错台长度 L 大于等于 5m 且小于等于 10m，但开裂或错台宽度 B 大于 5mm；开裂或错台主体结构呈块状，在外力作用下有可能崩坍和剥落
2	变形或移动速度 $10\text{mm}\geqslant\upsilon>3$mm/年	开裂或错台长度 L 小于 5m 且开裂或错台宽度 B 大于等于 3mm 且小于等于 5mm；裂缝有发展，但速度不快
1	变形或移动速度 $3\text{mm}\geqslant\upsilon>1$mm/年	开裂或错台长度 L 小于 5m 且开裂或错台宽度 B 小于 3mm
0	变形或移动速度 $\upsilon<1$mm/年	一般龟裂或无发展状态

土建结构材料劣化状况　　表 6.4-6

状况值	劣化状况描述		
	钢筋混凝土结构腐蚀	砌块结构腐蚀	钢结构腐蚀
4	主体结构劣化严重，经常发生剥落，危及使用安全； 主体结构劣化壁厚为原设计厚度的 3/5，混凝土强度大大下降	廊顶部接缝劣化严重，拱部主体结构有可能掉落大块体（与砌块大小一样）	主体结构锈蚀严重，承重部位局部屈曲、变形严重

续表

状况值	劣化状况描述		
	钢筋混凝土结构腐蚀	砌块结构腐蚀	钢结构腐蚀
3	主体结构劣化，稍有外力或振动，即会崩塌或剥落，对安全使用产生重大影响；腐蚀深度 10mm，面积达 0.3m^2；主体结构有效厚度为设计厚度的 2/3 左右	接缝开裂，其深度大于 100mm，主体结构错落大于 10mm	主体结构锈蚀，承重部位出现局部屈曲、变形等现象
2	主体结构混凝土剥落，材质劣化，主体结构壁厚减少，混凝土强度有一定的降低	接缝开裂，但深度小于 10mm 或砌块有剥落，但剥落体在 40mm 以下	出现锈蚀，但结构承载能力还未削弱。承重结构有变形等现象，但尚能满足规范要求
1	主体结构有剥落，材质劣化，但不可能有急剧发展	接缝开裂，但深度不大，或砌块有风化剥落，但块体很小	有锈蚀现象，有轻微变形
0	材料完好，基本无劣化		

吊顶及预埋件劣化状况　　表 6.4-7

状况值	劣化状况描述
4	吊顶严重破损、开裂甚至掉落、各种预埋件、悬吊件、爬梯、护栏严重锈蚀或断裂，管线支架桥架和挂件出现严重变形或脱落、管线支座支墩出现严重破损，无法承载管线荷载
3	吊顶存在较严重破损、开裂、变形，各种预埋件、悬吊件、爬梯、护栏较严重锈蚀，管线支架桥架和挂件出现变形、管线支座支墩出现破损，可能影响管线架设安全
2	吊顶存在破损、变形，各种预埋件、悬吊件、爬梯、护栏部分锈蚀，管线支架桥架和挂件出现部分变形、管线支座支墩出现部分破损，尚未影响管线架设安全
1	存在轻微破损、变形、锈蚀，尚未影响管线架设安全
0	完好，基本无劣化

内装饰劣化状况　　表 6.4-8

状况值	劣化状况描述
2	内装饰存在严重缺损、变形、压条翘起、污垢等，影响功能使用
1	存在轻微缺损、变形、压条翘起、污垢等，不影响功能使用
0	无破坏

外部设施劣化状况　　表 6.4-9

状况值	劣化状况描述
2	人员出入口、雨污水检查井口、逃生口、吊装口、进(排)风口、门窗等存在严重变形、结构缺损，格栅等金属构配件锈蚀损坏，影响功能使用
1	存在轻微变形、缺损、锈蚀，不影响功能使用
0	无破坏

6.4.3 健康状况分类及处理措施

将综合管廊的健康状况分为1类、2类、3类、4类、5类，各类健康状况的分类及对应的处理措施如表6.4-10所示，各类健康状况的分类及对应的健康状况评分（*CI*）如表6.4-11所示。

土建结构健康状态分类及处理措施　　表6.4-10

结构健康状况分类	对结构功能及使用安全的影响	处理措施
5	结构功能严重劣化，危及使用安全	尽快采取措施(大中修或拆除重建)
4	结构功能严重劣化，进一步发展危及使用安全	尽快采取措施(大中修)
3	劣化继续发展会升至4级	加强监视，必要时采取措施(针对性重点维修)
2	影响较少	正常维修(维修保养)
1	无影响	正常保养及巡检(不做处理)

综合管廊的土建结构健康状况评定分类界限值　　表6.4-11

健康状况评分	土建结构健康状况评定分类				
	1类	2类	3类	4类	5类
CI	≥85	≥70，<85	≥50，<70	≥35，<50	<35

土建结构健康状况评定时，当管廊土建结构中“结构裂缝、渗漏水、结构材料劣损、结构变形错动”的评价状况值达到3或4时，对应的土建结构健康状况直接评为4类或5类。

6.5 结构修复管理

综合管廊的结构修复应分为保养小修、中修工程、大修工程。大中修一般包括破损结构的修复、消除结构病害、恢复结构物设计标准、维持良好的技术功能状态。

在下列情况下，综合管廊土建结构需要进行大中修：

(1) 综合管廊土建结构经专业检测，建议进行大中修的；

(2) 超过设计年限，需要延长使用年限；

(3) 其他需要大中修的情况。

6.5.1 保养、小修

1. 管廊结构的保养小修应包括经常性或预防性的保养和轻微缺损部分的维护等内容，旨在恢复和保持结构的正常使用情况。

2. 管廊结构的保养应按照各种结构。设施的不同技术特征，通过对日常养护检查检测数据的分析，判断其运行质量状况和发展趋势，作为安排保养、小修的依据。

3. 修复存在轻微损坏的出入口、梁、柱、板、墙、斜（竖）井，疏通管廊内排水设施，冬季应清除各出入口上的积雪和挂冰。

4. 对管廊衬砌出现的起层、剥离，应及时清除；及时修补衬砌裂缝、并设立观测标识进行跟踪观测；对衬砌的渗漏水应接引水管，将水导入排水设施，冬季应及时清除挂冰等。

5. 应保持管廊内道路平整、完好和畅通，当道板有破损、翘曲时，应及时修复；清除管廊内道路上的堆积物，当路面出线渗漏水时，应及时处理，将水引入边沟排出，防止积水或结冰。

6. 通道内严禁存放非救援及检修用物品，应及时清除散落杂物，修复轻微破损结构，定期保养通道门，保证通道清洁、畅通。

7. 应清楚可能损伤通风设施或影响通风效果的异物，及时清理送（排）风口的网罩，及时修复风口或风道的破损。

8. 保持廊内排水设施完好、发现破损或缺失应及时修复；确保水管（沟）通畅，及时清理排水沟、集水坑等排水设施中的堆积物。

9. 定期保养扶梯及护栏，应保持清洁、坚固、无锈蚀、立柱正直无摇动现象，横杆连接牢固，当有缺损时应及时修复。

10. 变形缝处应平整，处于良好的工作状态，出线渗漏、变形、开裂时应立即维修。

6.5.2　中修工程

1. 管廊结构的中修工程是对一般性损坏进行修理，恢复其原有的技术水平和标准的工程。

2. 中修工程应根据综合管廊的运行状态，有计划地对其进行全面维修和整治，以消除病害，恢复功能。

3. 管廊管廊结构应定期进行检查与监测，并根据检查与监测专项报告的意见编制中修工程计划。

4. 管廊的中修工程宜按区段进行。

6.5.3　大修工程

1. 管廊结构的大修工程是因结构严重损坏或不适应现有需求，需恢复和提高技术等级标准，全面恢复其原有技术水平和显著提高其运行能力的工程。

2. 应根据检查与监测专项报告的意见并结合设计使用年限、已使用寿命组织实施大修工程。

3. 大修工程应根据管廊运行维护状态有计划地、有周期地进行，主要是为了恢复和提高综合管廊的使用功能，延长其使用寿命。

6.5.4　大中修的要求

管廊的土建结构大中修管理需要符合下列规定：

（1）大中修应由具备相应资质的单位承担，并应由具有综合管廊或隧道养护、施工经验的人员担任负责人。

（2）根据综合管廊建成年限、健康状态、维修原因、周边环境等制订详细维修方案，方案应包括维修技术与方法、过程组织方案、维修安全保障、管廊正常运营保障、周边环境影响等内容。

（3）应根据综合管廊劣损程度、地质条件、处治方案，进行工程风险评估，制定相应的安全应急预案。

（4）管廊土建结构在大中修后，土建结构的结构健康状态评价等级要达到1级或达到现行规范标准要求。

6.5.5 大中修的内容

土建结构大中修主要内容如表6.5-1所示。

土建结构大中修管理的内容及预期效果　　表6.5-1

项目名称		内容	预期效果
裂缝		注浆修补；喷射混凝土等	防止混凝土结构局部劣化
结构缺陷检查	内部缺陷	注浆修补；喷射混凝土等	防止混凝土结构局部劣化
	混凝土碳化	施做钢带，喷射混凝土等	提高结构承载能力
	钢筋锈蚀	施做钢带等	提高结构承载能力
混凝土强度		碳纤维补强；加大截面等	提高结构承载能力
横断面测量	结构变形	压浆处理等	提高周围土体的抗剪强度
	管廊轴线高程	基础加固；地基土压浆等	提高周围岩土体及地基土的抗剪强度
沉降		基础加固；地基土压浆等	提高地基土的承载力
结构应力		碳纤维布补强等	提高结构承载能力
大规模渗漏水		注浆修补；防水补强等	堵水、隔水

第7章　附属设施管理

附属设施包括供配电系统、照明系统、消防系统、排水系统、通风系统、监控与报警系统、标识系统。

附属设施管理要求：附属设施、设备通过验收后方可投入使用和运营。附属设施管理维护应按日常巡检与监测、维修保养、专业检测及大中修管理流程进行，制定合理的运维管理计划和方案。

附属设施运维作业应按照产品说明书、系统维护手册以及其他相关技术要求实施，同时做好运维记录，形成阶段性总结报告。

附属设施的日常巡检与监测、维修养护由运营部门负责，专项检测、大中修委托具有相应资质的服务机构实施。

7.1　日常巡检内容

日常巡检应结合运行情况、外部环境等因素合理确定巡检方案，管廊内部所有附属设施巡检频次不少于一周一次，管廊外各类口部巡检频次不少于一天一次。在极端异常气候、周边环境复杂、灾害预警等特殊情况下，应增加巡检频次。

管廊附属设施日常巡检的主要内容见表7.1-1。

管廊附属设施日常巡检内容　　表7.1-1

序号	巡检种类	巡检注意项目	处理方式	备注
1	附属设备类	景观式箱变高压柜侧变压器温度探测器现场显示温度超高	上报监控中心，现场留人看守，监控中心立即联系供电局现场处理	
2	附属设备类	景观式箱变变压器基坑内严重积水	现场启动排水泵抽水，并检查排水系统是否通畅	
3	附属设备类	景观式箱变变压器、高压柜运营有异响有异味	上报监控中心，现场留人看守，监控中心立即联系供电局现场处理	
4	附属设备类	景观式箱变低压柜侧有异响、有异味	上报监控中心，现场留人看守，监控中心立即安排人员前往检查	
5	附属设备类	景观式箱变低压柜侧三项符合不平衡，三项电压不相同	记录数值，上报监控中心，定期观察	
6	附属设备类	景观式箱变直流屏信号灯异常	上报监控中心，现场留人看守，监控中心立即联系供电局现场处理	
7	附属设备类	景观式箱变电容补偿柜有异响、有异味，三项电流不平衡，功率因数表读数超过允许值	上报监控中心，现场留人看守，监控中心立即联系供电局现场处理	

续表

序号	巡检种类	巡检注意项目	处理方式	备注
8	附属设备类	景观式箱变电缆高压侧外表皮有破损	上报监控中心，现场留人看守，监控中心立即联系供电局现场处理	
9	附属设备类	景观式箱变低压侧电缆外表皮有破损	上报监控中心，现场留人看守，断开相应回路电源，监控中心立即安排专业维修人员前往修复	
10	附属设备类	动力配电箱主电源剩余电流报警	记录数值，上报监控中心，定期观察，统一检查修复	
11	附属设备类	配电箱、控制箱内有灰尘	现场清理	
12	附属设备类	配电箱、控制箱元器件引线接头松动	现场紧固，需要停电的上报监控中心	
13	附属设备类	配电箱、控制箱内元器件受损	上报监控中心，断电，现场留人看护，监控中心安排人处理	
14	附属设备类	配电箱、控制箱内动力电缆、控制电缆受损	上报监控中心，断电，现场留人看护，监控中心安排人处理	
15	附属设备类	配电箱、控制箱出线动力电缆、控制电缆受损	上报监控中心，断电，现场留人看护，监控中心安排人处理	
16	附属设备类	桥架、穿线管跨接地线受损	上报监控中心，直接更换	
17	附属设备类	断路器自动跳闸	上报监控中心，现场留人看守，监控中心立即安排人员前往修复	
18	附属设备类	双电源回路无法切换	上报监控中心，现场留人看守，监控中心安排人处理	
19	附属设备类	照明灯具受损	现场标记并上报监控中心，监控中心安排定期修复	
20	附属设备类	应急灯具受损	现场标记并上报监控中心，监控中心安排定期修复	
21	附属设备类	应急灯具断电后无法点亮	现场标记并上报监控中心，监控中心安排定期修复	
22	附属设备类	疏散灯具受损	现场标记并上报监控中心，监控中心安排定期修复	
23	附属设备类	防爆灯具受损	人员撤出燃气舱、上报监控中心，立即停电，监控中心安排人员立即修复	
24	附属设备类	照明系统控制中心显示异常	监控中心立即派人前往检查并处理	
25	附属设备类	风口处有异物堵塞	现场发现直接清理	
26	附属设备类	风口外观及固定件受损	现场标记并上报监控中心，监控中心安排定期修复	
27	附属设备类	风机运转有异响，有异动	立即停机，现场留人看守，上报监控中心，监控中心安排人员修复	

续表

序号	巡检种类	巡检注意项目	处理方式	备注
28	附属设备类	风阀无法正常开启、密闭	立即停机，现场留人看守，上报监控中心，监控中心安排人员修复	
29	附属设备类	风机及风阀在控制中心显示异常	监控中心立即派人前往检查并处理	
30	附属设备类	现场手操箱手/自动操作故障	现场留人看守，上报监控中心，监控中心安排人员修复	
31	附属设备类	管道、阀门外表面有腐蚀	现场标记并上报监控中心，监控中心安排定期修复	
32	附属设备类	管道、阀门处渗水	现场标记并上报监控中心，监控中心安排定期修复	
33	附属设备类	管道、阀门处漏水	水泵停泵，现场留人看守，上报监控中心，监控中心安排人员修复	
34	附属设备类	排水管渠有回水情况	水泵停泵，现场留人看守，上报监控中心，监控中心安排人员修复	
35	附属设备类	压力表受损	现场标记并上报监控中心，监控中心安排下次巡检时修复	
36	附属设备类	水泵连接软管松动	现场修复	
37	附属设备类	水泵软管破损	现场标记并上报监控中心，监控中心安排下次巡检时修复	
38	附属设备类	水泵运行时有异响，有异常	水泵停泵，现场留人看守，上报监控中心，监控中心安排人员修复	
39	附属设备类	现场手操箱手/自动操作故障	现场留人看守，上报监控中心，监控中心安排人员修复	
40	附属设备类	排水沟和集水坑内有杂物	现场清理	
41	附属设备类	液位计不能正常控制水泵启停	现场留人看守，上报监控中心，监控中心安排人员修复	
42	附属设备类	水泵或液位计控制中心异常	监控中心立即派人前往检查并处理	
43	附属设备类	EPS 逆变器无故障报警	现场留人看守，上报监控中心，监控中心安排人员修复	
44	附属设备类	EPS 控制中心显示异常	监控中心立即派人前往检查并处理	
45	附属设备类	防火门脱落，歪斜	现场标记并上报监控中心，监控中心安排定期修复	
46	附属设备类	防火封堵脱落，受损	现场标记并上报监控中心，监控中心安排定期修复	
47	附属设备类	超细干粉灭火装置控制中心显示异常	监控中心立即派人前往检查并处理	
48	附属设备类	超细干粉灭火器喷嘴处受损	现场留人看守，上报监控中心，监控中心安排人员修复	

续表

序号	巡检种类	巡检注意项目	处理方式	备注
49	附属设备类	超细干粉灭火器控制器外观受损	现场留人看守，上报监控中心，监控中心安排人员修复	
50	附属设备类	超细干粉灭火器距离保质期还有1个月	监控中心安排分批次更换	
51	附属设备类	超细干粉灭火器压力异常	监控中心立即派人前往检查并处理	
52	附属设备类	手持灭火器安全栓受损	现场修复	
53	附属设备类	手持灭火器压力异常	现场标记并上报监控中心，监控中心安排定期更换	
54	附属设备类	手持灭火器距离保质期还有1个月	监控中心安排分批次更换	
55	附属设备类	火灾探测器、手动报警按钮外观受损	现场标记并上报监控中心，监控中心立即安排人员修复	
56	附属设备类	火灾探测器、手动报警按钮控制中心显示异常	监控中心立即派人前往检查并处理	
57	附属设备类	消防控制器外观受损	现场留人看守，上报监控中心，监控中心安排人员修复	
58	附属设备类	消防控制器控制中心显示异常	监控中心立即派人前往检查并处理	
59	附属设备类	可燃气体探测器外观受损	现场留人看守，上报监控中心，监控中心安排人员修复	
60	附属设备类	可燃气体探测器控制中心显示异常	监控中心立即派人前往检查并处理	
61	附属设备类	挡烟垂壁外观受损	现场留人看守，上报监控中心，监控中心安排人员修复	
62	附属设备类	挡烟垂壁控制中心显示异常	监控中心立即派人前往检查并处理	
63	附属设备类	控制中心机房工作状态异常、通信异常	监控中心立即派人处理	
64	附属设备类	监控报警异常	监控中心立即派人处理	
65	附属设备类	廊内门禁不能正常打开或锁闭	现场留人看守，上报监控中心，监控中心安排人员修复	
66	附属设备类	出入口门禁不能正常打开或锁闭	现场留人看守，上报监控中心，监控中心安排人员修复	
67	附属设备类	UPS供电异常	监控中心立即派人处理	
68	附属设备类	网络安全异常	监控中心立即派人处理	
69	附属设备类	服务器、工作站异常	监控中心立即派人处理	
70	附属设备类	软件系统异常	监控中心立即派人处理	
71	附属设备类	ACU箱外表受损	现场留人看守，上报监控中心，监控中心安排人员修复	
72	附属设备类	ACU箱不能与控制中心正常通信	监控中心立即派人处理	

续表

序号	巡检种类	巡检注意项目	处理方式	备注
73	附属设备类	存储设备工作异常	监控中心立即派人处理	
74	附属设备类	摄像机外表受损	现场留人看守，上报监控中心，监控中心安排人员修复	
75	附属设备类	摄像机画质、云台操作异常	监控中心立即派人处理	
76	附属设备类	光纤传输设备异常	监控中心立即派人处理	
77	附属设备类	入侵检验设备外表受损	现场留人看守，上报监控中心，监控中心安排人员修复	
78	附属设备类	入侵检验设备控制中心显示异常	监控中心立即派人处理	
79	附属设备类	电子井盖控制中心显示异常	现场留人看守，上报监控中心，监控中心安排人员修复	

7.2　维护保养原则

附属设施维护主要包括消防系统、供电系统、照明系统、监控与报警系统、通风系统、排水系统和标识系统等。附属设施维护应以系统为单位进行，按照系统关联特征分别从设备设施层面进行单体维护、从子系统和系统层面进行维护。各子系统、系统所涉及的软件和数据必须列入维护范围。由于不同品牌的机电设备的功能、结构存在较大差异，故附属设施维护作业应按照产品说明书、设备和子系统相关技术要求实施。

7.3　消防系统管理

7.3.1　维护项目与周期

消防系统设备定期维护检修的主要项目和周期见表 7.3-1。

消防系统设备定期维护检修的主要项目和周期表　　表 7.3-1

序号	检修项目	周期
1	手动报警按钮	月
2	手自动转换器	月
3	火灾报警控制主机	月
4	火灾声光报警器	月
5	感烟探测器	月
6	线型探测器	月
7	可燃气体探测器	月
8	接口模块	月
9	灭火器箱	年
10	超细干粉灭火放气指示装置	月

续表

序号	检修项目	周期
11	超细干粉灭火装置	月
12	感温电缆接入设备	月
13	防火门监控模块	月
14	防火门监控控制主机	月

7.3.2 维护检测方法及质量要求

1.烟感维护

月度抽取总烟感数的5%，用冷烟测试烟感报警，试验烟感的灵敏度，应该全部合格，若其中有一个不合格，则应另外抽取总数的10%试验，直至全部合格为止。检查烟感报警功能是否正常。对因漏水而危及烟感及其电路的地方，应及时进行特别检查。

2.防火卷帘的维护

1）手动系统检查，检查门轨、门扇外观有无变形、卡阻现象，手动按钮箱是否上锁，卷帘门的电控箱指示信号是否正常，箱体是否完好；打开按钮箱门，按动向上（或向下）按钮，卷帘门应上升（或下降），在按钮操作上升（或下降）过程中，操作人员应密切注意卷帘门上升（或下降）到端部位置时能否自动停车，若不能，应迅速手动停车，且必须待限位装置修复（或调整）正常后方可重新操作。

2）自动系统检查，用冷烟测试使系统中任意两个烟感动作时，自动装置将发出报警信号，同时自动启动卷帘门电控系统两次下滑关闭卷帘门。卷帘门关闭后，只有待烟感信号消除，或复位按钮复位后方可重新开启卷帘门。

3）监控中心远程操作检查，检查监控中心信号指示是否正常；对卷帘门进行清扫除尘，若有油漆脱落及局部变形的地方，要进行修复，确保卷帘门外观清洁美观；检查卷帘门提示标识是否完整；对卷帘门控制箱自检按钮、故障报警消声键、复位键进行专门检查；紧固各类线缆接头，清洁防火分区接线端子箱、消防配电箱内的灰尘，检查箱内电气元件是否齐备。

3.指示灯具的维护保养

1）检查出口指示灯玻璃面板有无划伤或破裂现象；电源指示灯应常亮，当断开交流电而采用备用电源供电时，也应能亮，否则应检查修复；

2）消防应急灯具断开交流电源时，应急电源持续供电不小于60min，启动时间不大于5s。则检查修复；检查灯具安装是否牢固可靠；清洁灯箱外壳及显示屏表面；定期清洁消防楼道应急灯。

4.干粉灭火器的维护保养

检查压力表指针是否在正常压力位置，检验标识是否在有效期内；取下灭火器上下翻动几次，使粉筒内干粉抖松；检查灭火器存放在干燥通风的地方，环境温度应在10～45℃之间；检查插销是否生锈；正常情况下，手提干粉灭火器出厂期满5年进行维修，首次维修后，每两年进行一次维修，报废期为10年。过期的灭火器应及时更换；检验合格后，张贴合格证。

5. 超细干粉灭火系统的维护保养

1）每月应对灭火系统进行两次检查，检查内容应符合下列规定：

① 灭火装置及火灾报警控制系统组件，不得发生移位、损坏和腐蚀，保护层完好。

② 贮压悬挂式超细干粉灭火装置压力指示器应指示在绿色区域内。

2）每年至少对灭火系统进行一次全面检查。检查的内容和要求除按月检的规定外，尚应符合下列规定：

① 灭火装置安装支架的固定，应无松动。

② 对灭火系统进行一次模拟自动启动试验。

6. 防火封堵维护保养

每个季度对防火封堵进行一次检查。通过外观检查，防火封堵材料表面应无明显缺口、裂缝和脱落现象，并应保证防火封堵组件不脱落。否则，则应该组织相关维修人员进行维修处理。

7.4 通风系统管理

7.4.1 维护项目与周期

通风系统设备定期维护检修的主要项目和周期见表 7.4-1

通风系统设备定期维护检修的主要项目和周期表　　表 7.4-1

序号	巡检项目	周期
1	手动和自动启停是否有效	周
2	检查电机的运行电压，电流值	
3	检查风机运作声音是否正常	
4	检查风机运行是的振动情况	
5	转动轴承润滑	半年
6	电机保养	运行 2000h
7	风机解体	不定期
8	检查通风口部件安装是否牢固	周
9	检查通风口部件有无破损、锈蚀	
10	检查通风口通风是否畅通、漏风	
11	排烟防火阀电动、手动开闭测试	月
12	排烟防火阀表面防腐处理	年
13	排烟防火阀连接、轴转润滑	

7.4.2 维护检测方法及质量要求

1. 风机

1）每日对风机进行实验，检查手动和自动启停是否有效。

2）每日利用监控系统读取、检查电机的运行电压、电流值。

3）每日观察、耳听风机运转声音是否正常，检查风机运行时的震动情况，保证风机机座安装稳固，支架、紧固件连接牢固无松动，无漏风。

4）每季观察并用表具测量检查线路配接情况。

5）每季观察并用表具测量检查接地装置的可靠性，保证电机及机壳接地电阻≤1Ω。

6）每季进行开关测试，测试保护装置是否有效。

7）每年停运 24h 后用表具测量电机绝缘电阻。

8）不定期风机解体，让生产厂商专业保养。

2.排烟防火阀

1）每月试车，进行电动、手动开闭测试。

2）每年对表面作防腐处理，每年对铰链、转轴进行清洁、润滑。

3.通风口

1）每日检查是否安装牢固，无松动移位，与墙体结合部位无明显空隙。

2）每月检查风道是否有障碍物堵塞，并进行清理。

3）每年对锈蚀紧固件进行更换，对无法校正和破损的部件进行更换。

7.5 排水系统管理

管廊排水系统包括管道、阀门、水泵、水位仪等设备，其主要功能为清排管廊内渗漏水、生产废水以及汛期排涝和应急抽水等。

7.5.1 维护项目与周期

排水系统设备定期维护检修的主要项目和周期见表 7.5-1。

排水系统设备定期维护检修的主要项目和周期表 **表 7.5-1**

序号	巡检项目	周期
1	检查水泵联轴器间隙	水泵使用后进行
2	水泵轴封机构的密封性	
3	紧固泵体各部连接螺栓	
4	清洁泵体	
5	解体清洁	半年
6	水泵密封性	
7	检查泵轴、运动副及轴承	
8	检查叶片外缘磨损量	
9	轴承润滑	
10	运行电流电压值	
11	水泵外壳防腐	
12	水泵安装强度检查	
13	水泵电机绝缘电阻	
14	各类管件外观、泄漏	

续表

序号	巡检项目	周期
15	管道防腐层、保温层	半年
16	管道接口静密封泄漏	
17	支架、吊架安装是否牢固	
18	阀门检查	
19	控制箱箱内外清扫	
20	检查控制箱内电气元件	
21	检查控制箱内机械闭锁、电器闭锁	
22	检查控制箱内动触头、静触头	
23	检查控制箱内辅助开关	
24	检查控制箱的信号灯、光字牌、电铃等	
25	检查控制箱内端子排	
26	检查控制箱内配线	
27	启动水泵	
28	水位仪外观检查	
29	水位仪检查信号反馈	
30	水位仪检查安装稳定性	
31	水位仪检查接线	
32	阀门保养	年
33	管配件油漆	2 年
34	水位仪校验	年

7.5.2　维护检测方法及质量要求

1. 管道、阀门

1）每月观察钢管、管件外表，无裂缝、撕破、变形现象，若发现有油漆脱落和腐蚀现象，及时进行除锈补漆。

2）每月观察钢管、管件、接头静密封有无渗漏，对少量渗漏补焊、拧紧接头、安装夹具或调整法兰压盖。

3）每月观察支、吊架，如松动、泄露则修补，加固。

4）每季检查开关阀门，阀门应开闭灵活有效，阀门压盖螺栓留有足够的调整余量，发现损坏则更换或整修，清除垃圾及油污，并加入润滑脂，外表腐蚀敲铲油漆（一底两面）。

5）每季检查金属管道，如有堵塞，需进行疏通，必要时更换。

6）每三年应对金属构件进行油漆复涂。

2. 水泵

1）在水泵运行时检查电机转向应正确，运行平衡，无异常震动和异声，运行电流和电压不超过额定值，水泵连接管道和机座螺栓应紧固，不得渗漏水。水泵停运时止回阀关闭时响声正常，水泵无倒转情况发生。

2）每月对潜水泵潜水深度进行检查，超标应调整水位仪。

3）每月检查连接软管，有松动或破损应紧固和更换。

4）每月检查水泵控制箱的供配电及自动、手动启动系统和符合开关。

5）每季检查水泵安装强度和密封性，有松动、渗漏应紧固、调整。

6）每季清洗轴承，清理叶轮周边的异物，并进行清洗。

7）每半年对水泵外壳除锈、防腐。

8）每年用兆欧表测量水泵电机绝缘电阻。

3.水位仪

1）每月检查外观应无破损、进水，损坏则修复或更换。

2）每月检查水位信号反馈是否正常，开关泵及水位报管是否有效，不正常则立即调整。

3）每月检查安装紧固性，安装紧固应无卡死或障碍物的遮挡。

4）每月随着水泵检查控制箱内接线，不正常立即调整。

5）每季对水位仪进行调整、功能检查及校验。

7.6 供电系统管理

管廊的供配电系统维护应包括变配电站、低压配电系统、电力电缆线路、防雷与接地系统。

7.6.1 维护项目与周期

供电系统设备定期维护检修的主要项目和周期见表 7.6-1。

供电系统设备定期维护检修的主要项目和周期表 **表 7.6-1**

<table>
<tr><th>序号</th><th>设施名称</th><th>检修项目</th><th>频率</th></tr>
<tr><td rowspan="6">1</td><td rowspan="6">变压器</td><td>各仪表、指示灯是否正常</td><td rowspan="5">月</td></tr>
<tr><td>有无异常气味及声音</td></tr>
<tr><td>风机能否正常运行</td></tr>
<tr><td>各固定街头是否有松动</td></tr>
<tr><td>变压器、风机是否清洁</td></tr>
<tr><td>各仪表指示值是否正确</td><td>年</td></tr>
<tr><td rowspan="6">2</td><td rowspan="6">负荷开关</td><td>有无异常的声响和异常气味</td><td rowspan="2">月</td></tr>
<tr><td>连接点有无过热变色、腐蚀现象</td></tr>
<tr><td>组件有无裂纹及放电闪络的现象</td><td rowspan="4">半年</td></tr>
<tr><td>动、静触头的工作位置是否有异常情况</td></tr>
<tr><td>各操作传动机构零部件是否正常</td></tr>
<tr><td>接地线连接是否可靠、完好</td></tr>
</table>

续表

序号	设施名称	检修项目	频率
3	断路器	断路器结构固定是否松动，外表是否整洁完好	半年
		各操动机构的联动是否正常，分合闸状态指示是否正确	
		电气连接是否可靠，接触是否良好	
		绝缘部件、瓷件是否完整、缺损	
4	隔离开关	传动操作机构是否可靠、完好	半年
		三相接触是否良好、可靠	
		接地是否可靠、完好	
5	高压熔断器	熔断器瓷体外壳有无裂纹、污垢	周
		各零部件是否正常、有无松动	半年
		母线接触部分是否紧密良好	
6	配电柜及辅助元件	防护装置是否完好、有效	月
		配电屏、电器仪表、指示灯、按钮转换开关工作是否正常	
		继电器、交流接触器、断路器、闸刀开关工作是否正常	
		控制回路是否正常	
		电容无功补偿是否正常	
		柜体外壳完好、柜内整洁	
		接地是否正常	
		各仪表指示值是否正确	年
7	直流配电屏	继电器是否掉牌	及时复位
		各仪表、指示灯是否正常	月
		充电设施运行是否正常	
		浮充电流是否适宜	
		电池电压是否正常	
		测量直流系统绝缘电阻	年
		各仪表指示值是否正确	
8	电容柜	各仪表、指示灯是否正常	月
		电容器外壳是否鼓胀、渗油，示温蜡片是否融化变色	
		绝缘子是否有闪络痕迹、有无积尘	
		手控、自控装置回路、放电回路、绝缘、接地、构架、外壳等是否完好	
		各仪表指示值是否正确	年

续表

序号	设施名称	检修项目	频率
9	电力电缆	沿线经过的地面上是否有堆放重物	半年
		有无受到其他施工的影响	
		穿管敷设管口护圈是否脱落、缆线绝缘层是否破裂	
		沟道盖板是否齐全或损坏	
		沟槽、井是否有明显积水及杂物堆积	
		电缆桥架底、盖是否锈蚀	
		电缆线是否有明显老化、绝缘性能降低现象	年
		电缆绝缘电阻	
		电缆线路直流环阻	
10	防雷与接地	避雷器维护	半年
		电子设备与接地线、接地网的连接	
		接地导线有无损伤、腐蚀、断股	年
		机电设备与接地干线连接	
		接地装置接地电阻值	

7.6.2 维护检测方法及质量要求

1. 变压器

1）每日对变压器的温度和湿度进行检测检查，保证温湿度不超过警戒线。

2）每日对变压器的气味及声音进行嗅、听判断，如有异常应及时进行检修。

3）每半年对示温蜡片进行绝缘检查，紧固接点，对负载进行调整。

4）每半年检查各固定接头是否松动，如有松动，立即停电紧固。

2. 真空断路器

1）每半年检查真空断路器结构固定是否松动，外表是否清洁完好，如有松动或者不清洁，应对其进行紧固、保洁。

2）每半年检查电器连接是否可靠，接触是否练好，如电器连接接触不良，应对其进行调整、紧固。

3）每半年检查操作机构的联动是否正常，分合闸状态指示是否正确，如操作机构的联动发生异常，分合闸状态指示不正确，应检查易损部件，适当注入润滑油。

4）每半年检查绝缘部件、瓷件是否完整、缺损，如有缺损，应检查、清除绝缘表面灰尘并更换部件。

5）每年对真空灭弧室情况进行交流耐压试验，试验合格即可。

3. 负荷开关

1）每月检查负荷开关有无异常声响和异常气味，如有异常，则检查静触点与动触点的接触是否良好。

2）每月检查连接点有无过热变色、腐蚀现象，如连接点有过热变色或腐蚀现象，则紧固松动的螺栓、接点。

3）每半年检查动、静触头的工作位置是否有异常情况，如有异常，需停电检查和修复。

4）每半年检查测试接地线连接是否可靠、完好，如有损坏，应调换接地线。

5）每半年通过停电分、合闸判断操作传动机构零部件是否正常，如有异常需调整机构，检修易损部件。

4.隔离开关

1）每月检查接线柱和支柱绝缘子是否清洁、有无裂纹及放电现象，对于不清洁的部分定期保洁，并调换不合格的绝缘子。

2）每半年停电检查三相电源接线柱接触是否良好、可靠。

3）每半年停电检查三相接触是否良好。可靠，并调整三相不通气状态。

4）每半年检查接地是否可靠、完好，如有损坏，则需紧固接地螺栓或假设接地板，调换接地线。

5.高压熔断器

1）每周检查熔断器瓷体外壳有无裂纹、污垢，如有裂纹或污垢，需停电保洁或调换部件。

2）每周检查各零部件是否正常、有无松动，如有异常，需紧固接线座螺栓。

3）每半年停电检查判断母线接触部分是否紧密良好，如有松动，需对触头座管夹弹性调整、调换。

6.辅助元件及连锁装置

1）每日检查带电显示器和工作位置指示灯显示状态是否正常，对应比较判断，分析异常显示状态的原因。

2）每日检查分、合闸指示灯是否正常，如有异常，需检查辅助开关及回路。

3）每日检查分、合闸指示灯是否正常，指示是否正确，如有异常或指示不正确，需转换开关及回路。

4）每半年检查“五防”装置是否完好，动作是否有效，如装置受损、动作无效，需检查机械连锁装置和电磁连锁装置及回路。

5）每半年检查接地开关是否完好，动作是否有效，如装置受损、动作无效，需检查机械连锁装置和电磁连锁装置及回路。

6）每半年柜体外壳、接地是否完好。

7）每半年检查柜体内是否整洁，如柜体内不整洁，需对柜体内及电气装置除尘。

7.电容柜

1）每日表具观察熔断器、电容器三相电流是否平衡，表具观察功率因数表读数是否在允许值内，检查手动控制与自动补偿切换装置、控制线路、表具等。

2）每月观察绝缘子是否有闪络痕迹，有无灰尘，如有闪络痕迹和灰尘，应更换电容器或对其保洁。

3）每季检查电容器外壳是否鼓胀、渗油，示温蜡片是否融化或变色，如电容器外壳鼓胀、渗油，示温蜡片融化或变色，需更换电容器。

4）每年停电检查手控、自控装置回路、放电回路、绝缘、接地、构架、外壳等是否完好，进行清洁、紧固、测试、防腐等维护。

8.低压配电柜

1）每月清洁箱体表面、箱内电气仪表外表面，保证显示正常，固定可靠。

2）每月检查继电器、交流接触器、断路器、闸刀开关，保证外表清洁，触点完好，无过热现象，无噪声。

3）每月检查控制回路，保证其压接良好、标号清晰，绝缘无变色老化。

4）每月检查电容无功补偿，指示灯、按钮转换开关电容接触器良好，电容补偿三相平衡，电容器无发热膨胀，接头无发热变色。

5）每半年检查母线，保证其压接良好，色标清洗，绝缘良好。

6）每半年检查柜体内是否整洁，如不整洁，需对柜体内及电气装置除尘。

9.低压断路器

1）每半年检查低压断路器结构固定是否松动，外表是否清洁完好，如有松动或不清洁，需对其紧固、保洁。

2）每半年检查电气连接是否可靠，接触是否良好，如电气连接不可靠，接触不良，需对其调整紧固。

3）每半年检查操作机构的联动是否正常，判断分合闸状态指示是否正确，如有异常或不正确，需检查易损部件，适当注入润滑油。

4）每半年检查绝缘部件是否完整、缺损，如有缺损，清除绝缘表面灰尘、更换部件。

10.电力电缆

1）维护人员应全面了解供电系统中的电缆型号、敷设方式、环境条件、路径走向、分布状况及电缆中间接头的位置。

2）10kV电缆线路停电超过一个星期级以上应测其绝缘电阻，合格后才能重新投入运行；停电超过1个月以上，必须作直流耐压试验，合格后才能投入运行。

3）每日检查桥架盖板，若有缺损，查明缺损原因并及时补齐。

4）每季检查沟道是否有明显的积水和杂物堆积，如有明显的积水和杂物堆积，需封堵管口、清除沟道内的杂物。

5）每季检查沟道盖板是否齐全或损坏，如有缺损，需调查损坏的原因，合理配置，修复缺损的盖板。

6）每季检查桥架是否锈蚀，需对其进行除锈、防腐处理，若锈蚀严重需调换桥架。

7）每日检查电流表指示值是否有异常变化，如有异常，需调查负载、检查中间接头或测量绝缘电阻。

8）每季检查电缆端头接点有无过热、烧坏接点现象，如有此现象，需紧固接点或重新接头；测量绝缘电阻；调整负载。

11.防雷及接地设施

1）每半年对避雷器维护，对其进行常规检查（雷雨后加强）、维修，保证接地导线与接地极连接可靠，连接处无锈蚀。

2）每半年检查电气设备与接地线、接地网有无损伤、腐蚀、断股、松动等，若有此类情况应及时处理并修复。

3）每年检查接地干线安装是否牢靠。

4）每年在干燥的季节用静电电阻测试仪测量接地装置接地电阻值。

5）避雷装置构架不得挂设其他用途的线路（如临时照明线、电话线、闭路电视线等）以防止反击过电压引入室内。

7.7　照明系统管理

管廊内的照明分为：正常照明、应急照明、疏散应急照明、消防应急照明、防爆照明五类。其中防爆照明分为：防爆正常照明、防爆应急照明、防爆疏散照明、防爆消防照明。

7.7.1　维护项目与周期

照明系统设备定期维护检修的主要项目和周期见表 7.7-1

照明系统设备定期维护检修的主要项目和周期表　　表 7.7-1

序号	项目	周期
1	照明系统的控制功能	周
2	照明控制箱、柜	
3	应急照明功能	季
4	保护接地电阻	年
5	安全疏散照明后备电池	

7.7.2　维护检测方法及质量要求

1）管廊内部照明系统由正常照明、应急照明和安全疏散照明组成。正常照明由分区非消防符合配电箱供电；应急照明、安全疏散照明、消防应急照明由分区消防负荷配电箱供电。安全疏散照明和消防应急照明内须配备后备电池，电池使用时间不小于 30min。

2）每日巡检安全疏散照明灯具的外观是否完好，如发现灯具被损坏，及时更换。

3）每月对管廊的照明系统进行检测，亮灯率不得小于 98%，平均照度不得低于 100lx，设备区的照明照度不得低于 300lx；应急照明供电电源转换功能须完好，照明照度不应低于 0.5lx。

4）每月对照明系统进行消防联动测试。

7.8　监控与报警系统管理

监控与报警系统维护应包括监控中心机房、计算机与网络系统、闭路电视系统、现场监控设备、传输线路和通信系统等。

7.8.1　监控中心机房

7.8.1.1　维护项目与周期

监控中心机房设备维护项目与周期如表 7.8-1 所示。

监控中心机房设备维护保养表 表 7.8-1

序号	维护项目	维护要求	周期	备注
1	值班制度	24 小时值班。每日检查机房内各类设备的工作状态，并按规定填写工作日志	日	轮流倒班
2	监测与报警	实施监测，有异常情况时能要求发出声光等报警信号	日	观察报警设备工作状态
3	机房环境	环境整洁，通风散热良好，温度 19～28℃，相对湿度 40％～70％	日	清理、保持
4	公用设施	配置齐全、功能完好，满足维护工作要求，消防器材须经检查有效并定制管理	月	检查、补充
5	交流供电	供电可靠，电气特性满足监控、通信等系统设备的技术要求	季	检查、测量
6	Ups 电源	性能符合电子设备供电要求，容量和工作时间满足系统运用要求	月	测量、记录
7	设备接地	按相关规范和工程设计文件要求可靠接地	季	测试
8	接地电阻	接地电阻测试仪进行测试不大于 1Ω	年	测试

7.8.1.2 维护检测方法及质量要求

1. 监控中心实时利用监控系统检测设备设施运行状态及管廊内环境参数，有报警妥善处置。
2. 利用温湿度计每日不定时地测量机房的温湿度。
3. 每日巡视机房照明，发现损坏及时修理。
4. 每日巡视机房环境，保证无堆物、无积灰。
5. 每日对门禁系统功能进行实验。
6. 每季对交流供电电压、电流进行观察、记录。
7. 每季对设备外观进行检查、清扫。
8. 每季对 UPS 电源输出电压、电流、频率精度进行测量、记录。
9. 每季检查机房设备风扇及滤网，观察风扇运行情况，清洁风扇、滤网上的积尘。
10. 每年检查、清点机房内防尘、防静电设施。
11. 每年委托有资质单位鉴定消防灭火器是否合格。
12. 每年对 UPS 电源蓄电池容量进行测量、记录，容量不足时更换。
13. 每年利用接地电阻测试仪测试接地电阻。

7.8.2 计算机及网络系统

7.8.2.1 维护项目与周期

计算机及网络系统维护项目与周期如表 7.8-2 所示。

计算机与网络系统维护保养表　　表7.8-2

序号	项目	维护要求	周期	备注
1	网络安全	防火墙、入侵检测、病毒防治等安全措施可靠，网络安全策略有效；使用正版或经评审（验证）的软件；不得运行与工程无关的程序	季	运行日志检查、病毒清理、系统安全加固
2	系统维护	经授权后方可按有关设计文件、说明说或操作手册要求维护，并予以记录	实时	安装补丁、升级包
3	服务器	功能完好、工作可靠；CPU利用率小于80%，硬盘空间利用率小于70%，硬盘等备件可用	月	磁盘扫描、整理；进程监测、日志查看
4	工作站	性能良好、工作正常；打印机等外设配置满足使用和管理要求且工作正常	日	系统自检、各种功能测试
5	存储设备	备份数据的存储应采用只读方式；存储容量满足使用要求，介质的空间利用率宜小于80%；宜有操作系统和数据库等系统软件的备份；监控计算机的功能、数据存储空间应满足使用要求	月	查看资源的利用率，系统运行日志
6	软件系统	系统软件的安全级别应符合现行国家标准《计算机信息系统安全保护登记划分准则》GB17859的有关规定，管理功能完备	实时	系统检查、安装补丁、升级包
7	接地电阻	接地电阻测试仪进行测试不大于1Ω	年	接地电阻测试仪测试

7.8.2.2 维护检测方法及质量要求

1.防火墙、入侵检测、病毒防治等安全措施可靠，网络安全策略有效；使用正版或经评审（验证）的软件；不得运行与工作无关的程序。

2.经授权后方可按有关设计文件、说明书或操作手册要求维护，并予以记录。

3.功能完好、工作可靠；CPU利用率小于80%，硬盘空间利用率小于70%，硬盘等备件可用。

4.性能良好、工作正常；打印机等外设配置满足使用和管理要求且工作正常。

5.备份数据的储存应采用只读方式；储存容量满足使用要求，空间利用率宜小于80%；宜有操作系统和数据库等系统软件的备份；监控计算机的功能、数据储存空间应满足使用要求。

7.8.3 视频监控系统

7.8.3.1 维护项目与周期

视频监控系统维护项目与周期如表7.8-3所示。

视频监控设备维护保养表　　表7.8-3

序号	项目	技术要求	周期	备注
1	图像质量	主观评价按五级损伤制评定，不低于4级	日	观察
2	摄像机视距	不大于50m	月	观察、调整
3	录像功能	录像功能正常，图像信息存储时间不小于30天	月	客户端操作

续表

序号	项目	技术要求	周期	备注
4	变焦功能	功能正常，摄像机镜头的变焦时间≤6.5s	月	试验、观察
5	切换功能	视频切换正确	月	试验
6	移动侦测布防功能	布防、撤防操作正常，移动物体进入布防范围，报警触发	月	试验
7	摄像机	工作正常，除尘、防潮、防震动、防干扰功能有效，安装	季	清洁、加固
8	编解码器	工作正常	季	观察指示灯，检查工作状态
9	接地电阻	接地电阻测试仪进行测试不大于1Ω	年	接地电阻测定仪测试

7.8.3.2 维护检测方法及质量要求

1. 每日观察监视器画面的图像质量，要求画面清晰，无噪点。
2. 每月试验录像功能、移动侦测布防功能、视距检查、变焦功能试验、调整。
3. 每季对摄像机清洁、调整。
4. 每年用综合测试对图像水平清晰度、图像画面的灰度进行测试。
5. 每年对摄像机安装强度定期检查，发现问题及时处理。
6. 每年用接地电阻测试仪测量接地电阻。

7.8.4 廊内监控设备

7.8.4.1 维护项目与周期

廊内监控系统维护项目与周期如表7.8-4所示。

廊内监控设备维护保养表 **表7.8-4**

序号	项目	维护要求	周期	备注
1	ACU箱	安装牢固，外观无锈蚀，变形	季	外观检查
2	PLC设备	工作状态正常，性能和特性应符合管廊的要求	季	测试
3	传感器	工作正常	月	测试
4	人孔井盖	监控中心对井盖状态检测及开/关控制功能完好：开/关机械动作顺滑，无明显滞阻；手动开启（逃生）功能完好	月	试验，监控中心远程监视；本地开关测试
5	UPS电源	输出特性指标应符合PLC、传输等设备的供电技术要求	月	测量、记录
6	设备接地	接地电阻测试仪进行测试不大于1Ω	年	测试
7	检测与报警	现场状态异常时必须发出警报信号，并自动启动相应程序	月	测试

7.8.4.2 维护检测方法及质量要求

1. 每日对现场设备巡查并观察工作状态。
2. 每月对UPS电源输出电压、电流进行测量、记录。
3. 每月对人孔井盖开/关及报警功能试验，各分区轮流进行红外线防入侵系统试验。
4. 每季对人孔井盖机械、电气部件养护试验、保养、润滑，且半年更换液压油。
5. 每季对UPS电源蓄电池充放电试验。

6. 每季检查连接线缆、接插件，必要时应更换。

7. 每年定期检查设备安装强度，发现问题及时处理。

8. 每年对温湿度、氧气、有害气体检测仪器检查校准，有损坏时及时更换，按厂家产品设计寿命年限更换。

9. 每年利用接地电阻测定仪测试接地电阻。

10. 每两年更换 UPS 电源蓄电池。

7.8.5　传输线路

7.8.5.1　维护项目与周期

传输线路维护项目与周期如表 7.8-5 所示。

传输线路维护技术要求　　**表 7.8-5**

序号	项目	维护要求	周期	备注
1	光电缆敷设	光、电缆及光、电缆的接头盒必须在管廊内的架桥上绑扎牢固	周	观察
2	光缆全程衰耗	应≤“光缆衰减常数×实际光缆长度＋光缆固定接头平均衰减×固定接头数＋光缆活接头衰减×活接头数”	年	OTDR 测试
3	光缆接头衰耗	平均衰耗应≤0.12db(双向测，取平均值核对)	年	OTDR 测试
4	电缆绝缘	a/b 芯线间及芯线与地间的绝缘电阻应≤3000MΩ/km	年	绝缘电阻测试仪抽测
5	直流环阻	电缆芯线的直流环阻应符合设计要求	年	直流电桥抽测 10%芯线
6	不平衡电阻	电缆线路不平衡电阻不大于环阻的 1%	年	直流电桥抽测 10%芯线
7	防雷接地	接地电阻测试仪进行测试不大于 1Ω	年	绝缘电阻测试仪抽测 10%芯线
8	挂(吊)牌	保持标号清晰	月	观察

7.8.5.2　维护检测方法及质量要求

1. 每年对尾纤（缆）、终端盒、配线架外观检查并定期整理。

2. 每年用 OTDR 测试光缆接头衰耗和全程衰耗，接头衰耗应≤0.12dB（双向测，取平均值核对）。

3. 每年利用绝缘电阻测试仪抽测 10%芯线进行电缆绝缘电阻测试。

4. 每年利用直流电桥抽测 10%芯线测试电缆线路直流环阻和电缆是否不平衡。

7.8.6　通信系统

7.8.6.1　维护项目与周期

传输线路维护项目与周期如表 7.8-6 所示。

通信系统维护保养表　表 7.8-6

序号	项目	维护要求	周期	备注
1	性能和功能	工作正常,满足监控等系统的业务要求	日	主机操作
2	网络安全	符合工程设计的规定,告警功能完好	日	系统日志检查
3	通话质量	通信正常,通话清晰	月	测试
4	IP 地址应用	符合系统运用要求	季	检查、核对
5	无线基站	发射功率和接收灵敏度应符合系统要求	季	测试
6	电台	基地台、手持台的发射功率和接收灵敏度应符合设计要求	季	测试
7	天馈系统	驻波比应符合设计要求	季	用通过式功率计测试
8	设备接地	接地电阻测试仪进行测试不大于 1Ω	年	接地电阻测试仪测试

7.8.6.2　维护检测方法及质量要求

1. 每日交接班时检查设备运行情况、网络运行数据记录、警告显示记录、网络安全管理日志、交换机的 VLan 表金额端口流量记录。

2. 每月处理网络安全状态，发现遭到非法攻击时必须及时采取措施。

3. 每月对通话质量进行试验。

4. 每季对 IP 地址检查、核对。

5. 每季检查设备风扇和滤网，并对其清洁。

6. 每季按产品说明书操作，对警告性能进行测试检查。

7. 每季统计分析警告记录和网络运行数据。

8. 每季测试无线设备发射功率和接收灵敏度。

9. 每季对手持机电池及充电器进行检查，如发现问题，需及时更换。

10. 每年用通过式功率计测试天馈系统。

11. 每年对连接线缆、接插件进行检查。

12. 每年用接地电阻测定仪测试接地电阻。

7.9　标识系统管理

1. 管廊标识系统包括简介牌、管线标识铭牌、设备铭牌、警告标识、设施标识、里程桩号牌标识、标牌，主要功能为标明管廊内的公用管线、设施名称、定位及警告提示。

2. 标识系统的日常巡检主要以观察为主，对简介牌、管线标志铭牌、设备铭牌、警告标识、设施标识、里程桩号等表面是否清洁、是否有损坏、安装是否牢固、位置是否端正、运行是否正常等进行查看记录。

3. 标识系统的维修保养主要通过对有积灰、破损、松动、运行不正常的简介牌、管线标志铭牌、设备牌、警告标识、设施标识、里程桩号等进行清洗、维修。标识、标牌更换时应选用耐火、防潮、防锈材质。

第8章　入廊管线管理

8.1　一般规定

1. 入廊管线及其附属设施的运行维护应由管线管理单位负责，并纳入管廊的统一管理。

2. 管线入廊后，各管线单位应保障所属管线的安全运行，其主要的工作内容如下：

1）根据运行维护计划、管理制度及相关安全技术规程，认真执行入廊管线的运行维护工作，接受管廊管理单位的管理、监督及检查，并做好相关记录；

2）制定管线应急预案，如遇突发事故，按照应急预案通知相关单位并实施抢修；

3）配合管廊运营部门定期开展应急演练；

4）依据管廊信息档案制度，提交入廊管线的运行维护信息及相关档案资料。

3. 入廊管线运行环境要求如下：

1）管廊内空气温度不应高于 40℃，空气湿度应符合管廊设计要求。

2）管廊内禁止堆放杂物及易燃易爆物品。

3）应预防白蚁、鼠类和其他生物侵入对入廊管线的损坏。

4. 入廊管线配套的检测设备，控制、执行及监控系统应与管廊监控报警系统保持联结。

5. 作业人员进入管廊前，首先应进行通风换气，测定有无可燃性、有毒性气体及氧气含量后方可进行工作。

6. 入廊管线运行维护过程中，除应满足各专业管线相关要求外，还应重点关注周围环境变化情况和影响管线及附属设施安全的活动。

7. 管廊运营部门及管线单位应配合按照相关规定对防护设备及用品定期进行维护检查，质量不合格不得使用。

8.2　电力电缆

管廊内电力电缆的运行维护应符合《电力电缆线路运行规程》DL/T 1253 及国家、地方的有关标准规范。

8.2.1　电力电缆巡检频率及要求

1. 电力电缆巡检分为定期巡检和非定期巡检。定期巡检每三个月进行一次；35kV 及以下开关柜、分接箱、环网柜内的电缆终端每 2～3 年结合停电巡检检查一次；

2. 电力电缆发生故障后，或因自然灾害、外力破坏等因素影响及电网安全稳定有特殊运行要求时，应组织开展非定期巡检；

3. 电力电缆巡检前应明确工作所在管廊的起点和重点以及工作所涉及的电缆回路数、每回路电缆路名、长度等资料，避免少巡、漏巡情况的发生，以便减少同一管廊内重复巡检的现象，提高工作效率；

4. 电力运行单位应对巡检中发现的缺陷和隐患进行分析并及时安排处理。

8.2.2 电力电缆巡查重点

1. 检查电缆终端表面有无放电、污秽现象；终端密封是否完好；终端绝缘管材有无开裂；套管及支撑绝缘子有无损伤；

2. 电气连接点固定件有无松动、锈蚀，引出线连接点有无发热现象，终端应力锥部位是否发热，应对连接点和应力锥部位采用红外测量仪测量温度；

3. 接地单元是否良好，连接处是否金库可靠，有无发热或放电现象；必要时测量连接处温度和单芯电缆金属护层接地线电流，有较大突变时应停电进行接地系统检查，查找接地电流突变的原因；

4. 电缆铭牌是否完好，相色标识是否齐全、清洗；电缆固定、保护设施是否完好；

5. 通过短路电流后应检查护层过电压限制器有无烧熔现象，交叉互联箱、接地箱内连接排接触是否良好；

6. 检查电力舱内电缆外护套与支架或金属构件处有无摩擦或放电的现象；衬垫是否失落，电缆及接头位置是否固定正常，电缆及街头上的防火涂料或防火带是否完好；检查金属构件如支架、接地干线是否腐蚀。

7. 检查管廊电力舱内孔洞是否封堵完好，通风、排水及照明设施是否完整，防火装置是否完好，监控系统是否运行正常；

8. 充油电缆应检查油压报警系统是否运行正常，油压是否在规定范围之内；

9. 多条并联运行的电缆要检查电流分配和电缆表面温度，防止电缆过负荷。

8.3 通信缆线

通信缆线的运行维护应符合行业标准《电力通信运行管理规程》DL/T544 的相关规定。

8.3.1 通信缆线巡检周期

通信缆线的巡检周期每月不宜小于一次；当运行参数、外部环境发生较大变化时，应增加检查次数。

8.3.2 通信缆线巡检内容

1. 及时掌握线路的运行状况及沿线环境的变化情况；

2. 应对配线柜、配电单元、固定单元和接地单元进行抽检，确保缆线固定的稳定可靠；

3. 检查光缆标识牌是否齐全清晰可见，光缆防护措施是否齐备，光缆的预留是否符合规范，光缆弯曲半径是否符合规范；及时整理、添补或更换缺损的光缆标志牌；

4. 检查缆线的保护层及其接头盒损坏或变形等异常情况；
5. 检查支架、桥架是否完好。

8.4　热力管道

管廊内热力管道的运行维护应符合行业标准《城镇供热系统运行维护技术规程》CJJ 88 的相关规定。

8.4.1　热力管道的巡检周期及巡检重点

运行的热力管道每周应至少检查一次；新投入的热力管道或运行参数、外部环境发生较大变化时，应增加检查次数。

热力管道的运行维护重点包括与支架、阀门、补偿器、法兰、螺栓、管道的防腐和保温、相关设备仪表等。

8.4.2　热力管道的日常巡检内容

1. 热力管道介质无泄漏；
2. 补偿器介质无泄漏；
3. 活动支架无失稳、失垮，固定支架五边形；
4. 阀门无漏水、漏气；
5. 疏水器排水正常；
6. 法兰连接部位应热拧紧；
7. 管道外壁及管廊内温度处于正常范围。

8.5　燃气管道

管廊内燃气管道的运行维护应符合现行行业标准《城镇燃气设施运行、维护和抢修安全技术规程》CJJ 51 有关规定。

8.5.1　燃气管道的巡检周期及巡检重点

燃气管道的巡检周期宜不小于每月一次，此外还应定期组织检查。

燃气管道定期检查的重点主要包括泄露定期检查、防腐层定期检测、阀门及支架定期检查。

燃气管线单位应根据运行维护计划，安排附属仪器仪表、安全保护装置、测量调控装置的定期校检和检修工作，燃气管道进出管廊附近的埋地管线、放散管、燃气设备等均应作为重点巡检区域，调高巡检频率。

8.5.2　燃气管道定期检查规定

1. 泄漏定期检查应符合下列规定：
1）聚乙烯管道和钢制管道，检测周期不应超过 1 年；

2）铸铁管道每年不得少于2次；

3）管道运行时间超过经济使用年限的1/2，检测周期应缩短至原周期的1/2.

2.燃气管道防腐涂层定期检测应符合下列规定：

1）正常情况下中压以上管道每3年进行一次检测，中压管道每5年进行一次检测，低压管道每8年进行一次检测；上述管道运行10年后，检测周期分别为2年、3年、5年；

2）管道防腐层发生损伤时，必须进行更换或修补，且应符合响应现行标准的规定。进行更换或修补的防腐层应与原防腐层有较好的相容性，且不应低于原防腐层性能。

3.阀门及支架定期检查应符合下列规定：

1）检查支架固定是否牢固，阀门有无燃气泄漏、损坏等现象；

2）根据管道运行情况对阀门进行启闭操作和维护保养；

3）对无法启闭或关闭不严的阀门，应及时维修或更换；

4）应提高对燃气管道进出管廊区域紧急切断阀的检查、维护频率。

8.6 给水、再生水管道

给水、再生水管道的运行维护应符合现行行业标准《城镇供水管网运行、维护及安全技术规程》CJJ 207的有关规定。

8.6.1 给水、再生水管道的巡检周期和维修施工注意事项

给水、再生水管道的巡检周期应根据自身规模、管网特点、管道现状、重要程度及周边环境等确定。通常情况下一般管段巡检周期不宜大于5～7日，重要管段周期应相应缩短。

给水管道维修应快速有效，维修施工过程中应防止造成管网水质污染；施工中断时间较长时，应对管道开放段采取封档处理等措施，防止不洁水或异物进入管内。

8.6.2 给水、再生水管道的巡检内容

1.检查管廊内管道及设备的运行是否正常；

2.检查管道漏损、防腐层破损情况；

3.检查管线及设备是否发生锈蚀；

4.检查各类阀门、倒流防止器、消火栓、泄水阀、伸缩节、支座、支架、吊环等附属设施的完好情况。

8.7 排水管渠

排水管渠的运行维护应符合现行行业标准《城镇排水管道维护安全技术规程》CJJ 6和《城镇排水管渠与泵站运行、维护及安全技术规程》CJJ 68的相关规定。

8.7.1 排水管渠的巡检周期和巡检重点

排水管渠日常巡检周期每周不宜小于一次；功能状况检查周期宜为1～2年一次；结

构状况检查宜为 5～10 年一次；重要管段周期可相应缩短。

排水管渠的运行维护内容主要包括日常巡检、排水管渠状况检查、清掏、维修等。

8.7.2　排水管渠的日常巡检内容

1. 排水管渠及设施是否存在破损；
2. 管道污水渗漏、冒溢等情况；
3. 闸阀门是否保持清洁，启闭是否正常；
4. 排气阀、透气井等附属设施是否完好有效；
5. 沉积深度是否超标，水流是否通畅；
6. 其他影响排水管渠正常运行的情况。

8.7.3　排水管渠状况检查

可分为结构状况检查和功能状况检查。

1. 功能状况检查项目主要包括管渠内沉积、结构、障碍物、浮渣、水位、水流等。

2. 结构状况检查项目主要包括排水管渠脱节、坍塌、裂缝、变形、腐蚀、错位、起伏、脱节、接口材料脱落、渗漏等。

第 9 章　安全及应急管理

9.1　概述

针对管廊的特点与特性，为了能够迅速有效地应对可能发生的事故和灾难，控制或降低其可能造成的后果和影响，秉着安全第一、预防为主、以人为本、减少危害、快速反应、协调统一的处置原则，对管廊进行有效的安全与应急管理。

管廊安全与应急管理，主要分为事前安全管理、事中应急管理和事后应急处理三个阶段。

9.2　安全管理

9.2.1　安全管理体系

管廊的安全管理体系应将管廊合理地分为相应的片区进行管理，以片区为单位成立安全管理小组进行管理。

管廊安全管理小组及成员如图 9.2-1 所示。

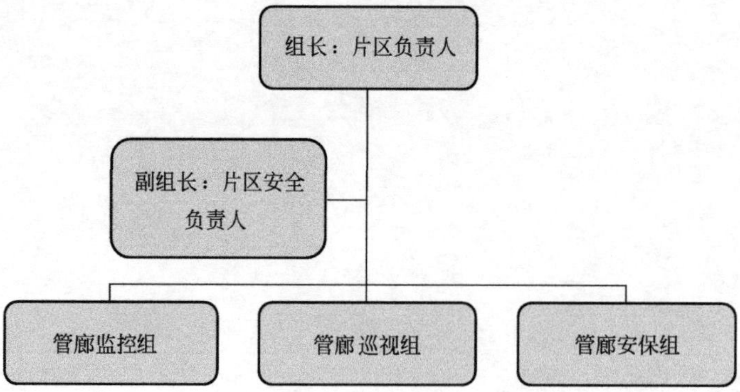

图 9.2-1　安全管理小组组织结构图

9.2.2　岗位职责

(1) 组长：安全管理小组组长由片区负责人担任，全面主持管廊内的安全管理工作，协调安排各岗位的安全工作以及监督检查各岗位的安全工作情况，保证管廊安全高效运行。

(2) 副组长：安全管理小组副组长由片区安全负责人担任，主要负责组织管廊日常安全巡检运行的安全工作；包括制定安全巡检计划及监督执行。

(3) 管廊监控组：管廊监控组由管廊监控中心监控人员组成，主要的工作任务是利用管廊的监控系统，监控廊内的安全隐患，如有发现隐患及时上报片区负责人。

（4）管廊巡视组：管廊巡视组主要由管廊巡检维护人员组成，主要负责对管廊内部进行日常安全巡视（廊内每周不少于两次）；对管廊周边的施工情况、人为破坏活动等第三方对管廊结构运行安全的行为等进行巡视（廊外每日巡查）。

（5）管廊安保组：管廊安保组主要由管廊的安保人员组成，主要负责正常情况下管廊的安保，包括监控中心的安保、管廊出入口安全管理、管廊外部设施设备的安全等，保证管廊及监控中心不被侵入。

9.2.3　运营安全隐患排查、跟踪、治理管理流程

运营安全隐患排查、跟踪、治理管理流程如图9.2-2所示。

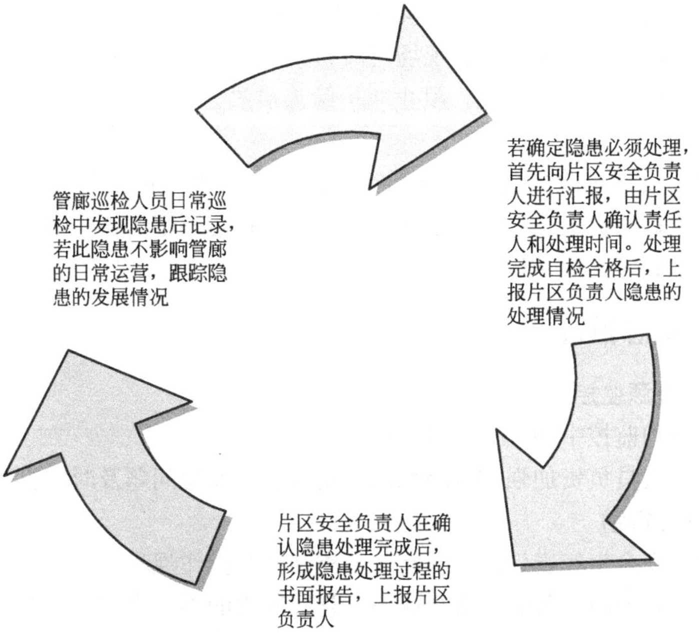

若确定隐患必须处理，首先向片区安全负责人进行汇报，由片区安全负责人确认责任人和处理时间。处理完成自检合格后，上报片区负责人隐患的处理情况
管廊巡检人员日常巡检中发现隐患后记录，若此隐患不影响管廊的日常运营，跟踪隐患的发展情况
片区安全负责人在确认隐患处理完成后，形成隐患处理过程的书面报告，上报片区负责人

图9.2-2　运营安全隐患排查、跟踪、治理管理流程图

9.3　应急管理

9.3.1　应急组织机构

公司成立紧急情况应急领导小组，应急领导小组成员如图9.3-1所示。

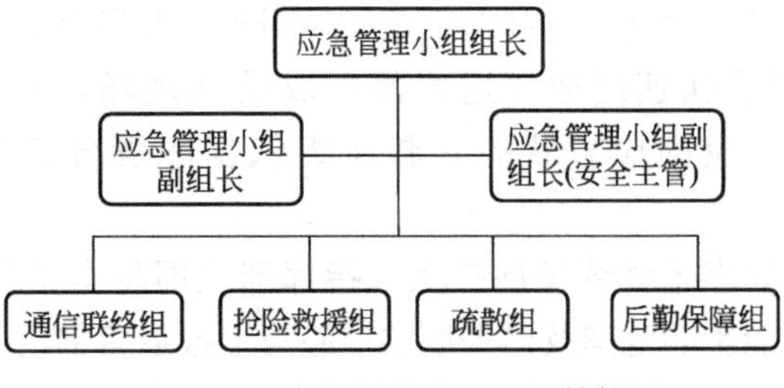

图9.3-1　应急领导小组组织结构图

9.3.2 职责分工

（1）组长。组织实施排险、抢险方案；全面负责抢险、救援指挥工作，组织项目各方面的资源，开展应急救援工作；下达和终止各种应急处理指令；在公司处于应急处理状态下，组织协调项目各种对外联系。

（2）副组长。协助组长及时布置现场抢险；当组长不在现场时自动承担组长的一切职责。

（3）通信组。抢险、救援车辆等安排；担负各组之间的联络和对外联系的任务，保持与当地政府部门、建设部门行政主管部门的沟通。

（4）抢险救援组。组织人员撤离、实施抢险行动方案；协调有关人员的抢险行动，及时向指挥部报告抢险进展情况；负责现场伤员的紧急救护工作。

（5）疏散组。负责现场的警戒，阻止非抢险人员进入现场；负责维持现场治安次序；负责抢险人员的人身安全。

（6）后勤组。负责抢险器材、设备、在应急结束后清理回收可用物质；查明事故原因，提出防范措施；负责做好遇难者家属的安抚工作；协调落实遇难者家属抚恤金和受伤人员住院费问题；做好其他善后事宜。

9.3.3 预警与信息报告

9.3.3.1 危险源监控

（1）所有管廊的监控中心 24 小时值班。

（2）所有巡检人员负责加强对危险源的巡视检查，发现问题及时解决。

9.3.3.2 预警行动

（1）认真落实安全生产责任制和所有安全类制度和操作规程。

（2）及时对附属设施设备的不安全状态、管廊周边的不安全因素、各管线的隐患、人的不安全行为，以及安全管理上的缺陷等隐患进行排查治理，采取有效的防护措施。

（3）保证消防设备、设施、消防器材；防爆相关设备、设施；所有通风机、风阀；自控设备、设施；应急照明的完好有效使用。

（4）安全疏散通道、安全出口、逃生井盖畅通，安全指示标识明显连续。

（5）在危险要害部位，设置明显的安全警示标识，便于公众识别。

（6）加强对员工生产教育培训，提高安全生产意识，掌握安全技能，提高对事故的应急处理能力。

9.3.3.3 信息报告与处置

（1）事故发生后，第一发现人立即向上级领导报告，并尽可能阻止事故的蔓延扩大。

（2）现场负责人用最快速度通知运营部门成员到现场，及时启动应急预案，并迅速做出相应，进入相应的应急状态，救援组依据职责分工履行各自所应承担的职责。

（3）事故发生后，如事态继续发展扩大，指挥部立即将本单位地点、起始时间和部位、人员伤亡情况、可能影响范围及已采取的措施等上报运营部门。

9.3.4　应急响应

9.3.4.1　响应分级

按照安全生产事故灾难的可控性、严重程度和影响范围，应急响应级别原则上分为Ⅰ、Ⅱ、Ⅲ、Ⅳ级响应。

1. 出现下列情况之一启动Ⅰ级响应：

（1）造成 30 人以上死亡（含失踪），或危及 30 人以上生命安全，或者 100 人以上中毒（重伤），或者直接经济损失 1 亿元以上的特别重大安全生产事故。

（2）需要紧急转移安置 10 万人以上的安全生产事故。

（3）超出省（区、市）人民政府应急处置能力的安全生产事故。

（4）跨省级行政区、跨领域（行业和部门）的安全生产事故灾难。

（5）国务院领导同志认为需要国务院安委会响应的安全生产事故。

2. 出现下列情况之一启动Ⅱ级响应：

（1）造成 10 人以上、30 人以下死亡（含失踪），或危及 10 人以上、30 人以下生命安全，或者 50 人以上、100 人以下中毒（重伤），或者直接经济损失 5000 万元以上、1 亿元以下的安全生产事故。

（2）超出市（地、州）人民政府应急处置能力的安全生产事故。

（3）跨市、地级行政区的安全生产事故。

（4）省（区、市）人民政府认为有必要响应的安全生产事故。

3. 出现下列情况之一启动Ⅲ级响应：

（1）造成 3 人以上、10 人以下死亡（含失踪），或危及 10 人以上、30 人以下生产安全，或者 30 人以上、50 人以下中毒（重伤），或者直接经济损失较大的安全生产事故灾难。

（2）超出县级人民政府应急处置能力的安全生产事故灾难。

（3）发生跨县级行政区安全生产事故灾难。

（4）市（地、州）人民政府认为有必要响应的安全生产事故灾难。

4. 发生或者可能发生一般事故时启动Ⅳ级响应。

有关数量的表述中，“以上”含本数，“以下”不含本数。

9.3.4.2　事故应急处理措施

1. 火灾应急处理

（1）分类及应急措施

管廊内火灾与爆炸根据事故的发生位置和严重程度分为以下几类：

1）综合舱、缆线舱局部轻微着火：

不危及人员安全，可以马上扑灭的立即利用管廊内的手持灭火器进行扑灭。

2）综合舱、缆线舱局部着火：

可以扑灭但有可能蔓延扩大的，在不危及人员安全的情况下，一方面立即通知周围人员参与灭火，防止火势蔓延扩大，另一方面向现场管理者汇报。

3）缆线舱电缆发生火灾：

① 缆线舱电缆发生火灾后，在确认管廊内的消防灭火设施能够正常运转后，通知相

关缆线产权单位先将事故路段管廊内的电缆全部断电，然后组织应急小组前往事发路段进行处理，并及时联系消防和医疗部门对管廊内的人员进行施救。

② 处置火灾事件应坚持快速反应的原则，做到反应快、报告快、处置快。把握起火的关键时间，救人第一，救人与灭火同步进行，把损失控制在最低程度。

③ 火灾情况处理完成后，及时总结，填写相应的记录，并召集相关人员商定防止事故再次发生的对策。

(2) 注意事项

1) 人员聚集

灾难发生时，由于人的生理反应和心理反应决定行为具明显的向光性、盲从性，会导致不少人跟随、拥挤逃生，这会影响疏散甚至造成人员伤亡。疏散组人员应根据平时演练的内容和管廊的疏散方向，通过管廊内的消防广播实时向发生火灾和相邻的防火分区通报逃生路线和注意事项。

2) 再次进入火场行为

受灾人已经撤离或将要撤离火场时，由于某些特殊原因驱使他们再次进入火场，这属于一种极其危险的行为。疏散组成员需在事故和相邻防火分区的出入口和逃生口处设置人员看守，防止无关人员进入火场。

3) 救人重于灭火

火场上如果有人受到火势威胁，首要任务就是把被火围困的人抢救出来。

4) 先控制后消灭

对于不可能立即扑灭的火灾，要首先控制火势的继续蔓延扩大，在具备了扑灭火灾的条件时，展开攻势，扑灭火灾。

5) 人员统计

现场最高领导者立即进行人员的紧急疏散，制定安全疏散地点，由后勤保障人员负责清点疏散人数，发现有缺少人员的情况时，立即向上级领导和消防队员报告。

2. 突发停电事故应急处理

(1) 管廊电源情况说明

管廊为两路10kV供电，并有EPS作为备用电源，当一路10kV电源失电后，电源自动转至另一10kV回路，如果两路10kV电源均失电，则自动启动EPS备用电源，EPS备用电源仅提供管廊内应急照明、排水泵、弱电设备2h的电源。

(2) 分类及处理方式

1) 主用电源回路失电

当主用电源回路失电备用电源回路正常启动时，先询问供电局主用电源回路失电原因，当为非正常原因时，应和供电局一起排查原因并解决，将电源回路及时切换到主用回路上。

2) 主、备用回路均失电

① 当主备用回路均失电时，EPS电源自动启动供电，监控中心监控人员立即通知正在巡检的人员返回监控中心，并及时向各管线单位通知此突发状况，禁止任何人进入管廊。

② 在EPS和UPS有效供电时间内，将监控系统和消防系统内重要的数据进行储存和

备份，防止数据丢包，造成损失。

③ 询问供电局具体的停电原因和停电的具体时间，并以通知的形式下发至个管线产权单位和相邻监控中心，封闭所有可以进入管廊的出入口，加强管廊周边环境的巡视。

3. 危险气体超标应急处理

(1) 危险气体说明

管廊内危险气体为 CH_4、H_2S，其中 CH_4 存在于天然气舱、H_2S 存在于污水舱。

(2) H_2S 气体泄漏应急处理

1) 当监控中心值班人员接到污水舱 H_2S 超标报警后，应先在监控系统内观察污水舱的风机是否正常启动，风阀是否正常打开，随后告知事故点巡检人员和污水管道产权单位。

2) 巡检人员在接到通知后，和污水管道产权单位抢修人员一起进入污水舱，进入舱室时应戴好呼吸器，没戴呼吸器的人员禁止进入污水舱。

3) 协助污水管道产权单位修复污水管，处理完成后舱室内打开风机通风 1h 后恢复到正常状态。

(3) CH_4 气体泄漏应急处理

1) 在处理 CH_4 泄漏时，应根据其泄漏和燃烧特点，迅速有效地排除险情，避免发生爆炸燃烧事故。在处理天然气泄漏，排除险情的过程中，必须贯彻“先防爆，后排险”的指导思想，坚持“先控制火源，后制止泄漏”的处理原则，及时通知天然气管道产权单位，并协助产权单位完成堵漏后测试的工作。

2) 在廊外距离事故点廊体 50m 处设置警戒区，禁止无关人员进入，必要时请消防单位和公安部门进行协助；严禁车辆通行和禁止一切火源，如禁止开关泄漏区电源。

3) CH_4 一旦发生泄漏，排险人员到达现场后，主要任务是关掉阀门，切掉气源，如果是阀门损坏，可用麻袋片缠住漏气处，或用大卡箍堵漏，更换阀门。若是管道破裂，可用木楔子堵漏。

4) 积极抢救人员，让窒息人员立即脱离现场，到户外新鲜空气流通处休息。有条件时应吸氧或接受高压氧舱治疗，出现呼吸停止者应进行人工呼吸，呼吸恢复后，立即转运至附近医院救治。

5) 及时防止燃烧爆炸，迅速排除险情。现场人员应把主要力量放在各种火源的控制方面，为迅速堵漏创造条件。对天然气已经扩散的地方，电器要保持原来的状态，不要随意开或关；对接近扩散区的地方，要切断电源。

6) 对进入 CH_4 泄漏区的排险人员，严禁穿带钉鞋和化纤衣服，严禁使用金属工具，以免碰撞发生火花或火星。

4. 触电事故应急处理

(1) 立即切断电源，或用不导电物体如干燥的木棍、竹棒或干布等物使伤员尽快脱离电源，急救时切勿直接接触触电伤员，防止自身触电而影响抢救工作的进行。

(2) 迅速通知运营部门负责人，汇报有关情况。

(3) 当伤员脱离电源后，应立即检查伤员全身情况，特别是呼吸和心跳，发现呼吸、心跳停止时，应立即就地抢救。

1) 轻症：即神志清醒，呼吸心跳均自主者，伤员就地平卧，严密观察，暂时不要站立或走动，防止继发休克或心衰，并及时联系医疗机构前来处理。

2）重症：如心跳停止、呼吸停止等，应立即联系医疗机构，并及时进行必要的抢救措施。

3）运营部门负责人组织专业人员在现场进行分析，制定相应的整改措施，并马上执行；对所有工作人员进行教育，防止触电事故的再次发生。

5.防恐防暴应急处理

管廊内包含电力电缆、通信电缆、天然气管道、给水管道等城市运行的主动脉，发生恐怖事件的几率大于其他公共设施。

1）当管廊的任意一个逃生口、出入口、通风口等与外界联通的通道被破坏时，监控室工作人员打开所有摄像头进行观察，所有安保人员需全部赶往现场，并及时联系公安机关。

2）如发现可疑人员进入管廊，在保护自己安全的前提下尽量地保证管廊内设施不受损害，应急状态解除后，尽快地修复被破坏的设施；如未发现可疑人员进入管廊，加强对所有可疑进入管廊通道的巡视，并及时修复被破坏的通道。

6.洪涝灾害应急处理

管廊的洪涝灾害分为两种：雨水倒灌、水管爆管。

（1）雨水倒灌

1）密切关注所在城市的天气变化情况，提前一周时间对近期将会发生的气象灾害天气进行了解，同时收集政府权威部门发布的气象报道，及时发出预警信息，以书面形式通知相关单位注意事项

2）当雷雨、暴雨灾害发生时，应急组长应召集小组相关成员，根据专业分工的不同，分别对箱变、配电箱、排水/排污泵、监控设施、消防设施、安防设施、排水/排污沟渠等重点部位或区域进行安全巡查，必要时做好车辆疏散与人员撤离的准备。

3）视实际情况，中控中心可通过广播系统，告知管廊内所有人员；安管员要加强对各出入口、通道口的秩序控制，防止不法之徒乘乱滋事、浑水摸鱼，同时要加强对公共区域的巡查力度，排除安全隐患。

4）当发生雨水倒灌时，首先应打开倒灌区域的所有排水泵进行抽水，必要时打开相邻区域的排水泵。同时组织人员对漏点进行临时封堵措施。待廊内的积水处理完成后，联系市政部门和相应的管线产权单位，对事故的原因进行排查，同时修复漏点。

（2）水管爆管

1）巡检人员巡视时发现各类管道（雨水、污水、给水）发生开裂、涌水等泄漏情况时，应及时联系管线产权单位，并协助产权单位分段关闭事故区域管道阀门，防止损失扩大；

2）根据情况启动排水泵，对漫水范围进行控制，保证其他管线安全运营。

7.管廊周边非法开挖应急处理

巡视人员对管廊周边进行巡视时，一旦发现在管廊及其周边区域（管廊红线外 20m 内）从事非法开挖以及其他危及管廊安全作业时，应立即制止，对施工工人员进行劝离，并及时上报管廊运营公司，并要求作业单位向相关单位提出书面申请出书面申请，同时提交施工方案及安全保护措施，签订安全责任书，经批准后方可施工。

8. 地震灾害应急处理

1）地震灾害发生时，片区负责人应立即召集项目所有在岗人员、清点人数，并建立应急处理小组，组织人员开展抢险救灾工作，应急处理小组成员在确保自身安全的情况下，应主动承担起人员疏散与安全指引等工作。

2）监控中心工作人员在做好自身防护的前提下，应及时启动警铃装置，并通过广播呼叫，告知管廊内所有人员地震灾害已发生，并告知相关注意事项和紧急自救措施：

3）保持冷静并尽快熄灭火源，不要随意跑动；

4）安保人员应立即赶往各地面出入口、通道口，按照“只出不进”的原则进行通道控制，同时对人员进行有序疏导，维护公共秩序，防止不法之徒乘乱滋事。

9. 机械伤害事故应急处理

(1) 发现有人受伤后，现场有关人员立即关闭设备电源，向周围人员呼救，迅速向片区负责人报告。

(2) 片区负责人接报后立即到达现场，指挥对受伤人员的抢救工作。

(3) 一般性外伤，迅速包扎止血，并将伤者送往医院。

(4) 如果受伤人员伤势较重，现场指挥人员立即拨打 120 急救中心电话或将伤员送往医院治疗，并及时上报运营部门。

1）发生断指，立即止血，尽可能做到将断指冲洗干净，用消毒包裹，用塑料袋包好，放入装有冷饮的塑料袋内，将伤者连同断指立即送往医院。

2）肢体骨折，将伤肢固定，减少骨折断端对周围组织的进一步损伤，再送往医院。

3）如果肢体、头发卷入机械设备内，立即切断电源停止机器转动，不可用倒转机器的方法，妥善的方法是拆除机器取出肢体，无法拆除时拨打 119 请求支援。

9.3.5　应急结束

现场应急处置后，事故得到控制，导致次生、衍生事故的隐患已消除，应急工作结束。

应急结束后应明确：事故发生的原因、事故损失情况，并对事故的应急救援工作做总结报告。

9.3.6　信息发布

应急结束后应由运营部门综合办公室在 3 天内，将各部门调查信息收集并做出总结，将事故信息详细说明。

9.3.7　后期处理

1. 组织人员尽快处理现场，检修受损设备。
2. 做好伤亡人员的善后赔偿工作。
3. 协助有关部门进行事故调查。
4. 事故应急结束后，各部门对本次事故的应急处理作出总结，必要时修改本预案。

9.3.8 应急保障措施

1. 通信保障

(1) 各监控中心负责应急处置过程中的通信保障工作。

(2) 运营部门建立应急指挥系统，保障运营部门与各监控中心和各管线产权单位之间的通信联络。

2. 应急抢险物资和设备保障

应急抢险抢修物资、设备，由运营部门及各管线产权单位配备和储备，随时调用，随时更新补充。

3. 技术保障

运营部门和各监控中心需依托管廊控制室视频监测设备、温感、烟感等报警装置、防入侵系统等信息化监测和分析手段，全力做好应急处置过程中的技术保障工作。

4. 应急抢险队伍

公安、消防、运营部门、管线产权单位是基本的抢险救援队伍。运营部门、各管线产权单位要建立应急抢险队伍，配备必要的抢险抢修设备，并建立专项资金，根据管廊自身特点储备防护服、呼吸机等抢险抢修物资。

5. 经费保障

在应急抢险过程中紧急调用的物资、机具、设备和占用的场地等，由监控中心提出补偿明细，报运营部门审核并提出办理意见，经管廊单位批准后，按照国家规定给予补偿。

9.3.9 宣传、培训与演练

1. 宣传

各监控中心和运营部门对管廊安全方面的宣传工作，通过发放明白纸、签订入管廊安全协议等形式加强对入管廊作业、巡检人员的安全知识培训，增强安全意识和防范意识，掌握应急的基本知识和技能。

2. 培训

运营部门应当定期组织相关单位人员对应急知识与技能以及应急预案的相关措施等进行培训和指导。

3. 应急演练

在现场模拟演练应急事件的处理情况，同时启动联动机制，检查是否到位、有效；按照表 9.3-1 所示计划中的要求按时演练、自检，找出不足和存在问题，演练完成后所有参与演练的人员编写关于本次演练的总结报告，并对演习和培训的内容提出自己的看法和相应的修改意见，演练结束后，运营部门根据演练的表现情况给出相应的奖励与惩罚。

应急演练项目计划 **表 9.3-1**

序号	演练项目	参与部门	演练频率	演练目的	备注
1	办公区逃生演练	运营部门办公区工作的全体人员	半年一次	熟悉办公区逃生路线，提高逃生时间	办公区

续表

序号	演练项目	参与部门	演练频率	演练目的	备注
2	管廊内逃生演练	监控中心工作人员，管廊日常巡检人员	半年一次	熟悉管廊内部环境，熟悉逃生路线和逃生口的位置，熟悉逃生设备的使用	需提前对人员进行培训，熟悉逃生路线和逃生设备的使用方法
3	医疗救护演练	运营部门全体人员	一年一次	全体人员医疗救护内容及措施	需要提前联系专业人员培训
4	火灾灭火演练	运营部门办公区工作的全体人员	一年一次	熟悉办公区域消防设施的使用方法	办公区
5	管廊内消防灭火综合演练	运营部门全体人员	每个路段一年一次	熟悉管廊内所有与消防有关的设备	需要提前对所有人员进行培训

注：管廊内的演练项目需提前通知管线单位的相关人员一起参加。

第 10 章 绩效考核及评价

综合管廊的主要特性为公共性和长期性，综合管廊在运营管理过程中，要接受政府相关主管部门的监督，需要通过绩效考评的手段来衡量运营单位的服务是否符合政府及社会公众的要求，在长期运营过程中是否达到运营管理质量标准。本章对综合管廊绩效考核的目标、考核及评价机制进行了介绍，可为政府部门对管廊运营管理单位的考核提供参考依据。

10.1 考核目标

综合管廊运营管理绩效考核目标见表 10.1-1。

综合管廊运营管理绩效考核目标 表 10.1-1

项目	分类	目标	说明	算法
总体目标	—	管廊及入廊管线安全正常运营	—	—
设施维护目标	普通设施	完好率不小于 95%	主要包括照明、通风设备、监控设备、报警系统、水泵等	完好率=[(1-设备故障台数×故障天数)/(设备总台数×日历天数)]×100%
	安全设施	完好率不小于 99%	主要包括消防及救援设施	完好率=[(1-设备故障台数×故障天数)/(设备总台数×日历天数)]×100%
保养、保洁	—	100%按计划完成	完成质量优	—
检修	—	当班次及时发现问题，正常维修不超过 1 天	完成质量优	—
应急处置	—	及时发现问题，并启动应急预案，正确处置率 100%	—	—
用户满意		用户满意率不小于 95%	—	—
责任事故	—	安全生产责任事故 0	—	—
安全生产	—	特种作业持证上岗 100%，岗前培训 100%，安全培训每人每月不少于 5 小时，技能培训每人每月不少于 8 小时	—	—

10.2　考核机制

10.2.1　考核办法

1. 考核对象

综合管廊运营单位。

2. 考核内容

考核对象完成综合管廊运营项目（完成项目合同中规定要求、符合各类标准以及相关法规）。

3. 考核方式

采取查阅资料和实地查看的方式考核。

4. 组织实施

考核工作应由管廊主管单位牵头，政府相关部门组成考核小组进行考核。

10.2.2　工作机制

综合管廊在运营管理过程中，要接受政府相关主管部门的监督，为形成有效的监督机制，来保证综合管廊运营管理工作有序的进行，政府主管部门可采取如下措施对运营管理单位的工作进行监督考核：

1. 监督综合管廊运营管理现场

政府主管部门及其代表有权进入管廊项目设施，按照相关规定对管廊项目设施的运营和维护进行监察，也可委托第三方机构开展项目中期评估和后评价。

2. 审核综合管廊运营管理方案

管廊运营单位须建立健全管廊运维方案，政府主管部门对其进行审核并提出指导意见，特别是综合管廊运营管理中的应急管理方案。

3. 备案综合管廊运营管理记录

运营管理单位需定期向政府主管部门提交反映其经营情况的财务报表和运营管理记录，但应予保密，不得向任何第三人泄漏。

政府主管部门对运营单位的考核可以从两个方面开展，一是公司规章制度和管理措施执行考核，二是综合管廊运营的监督检查考核，具体考核内容见表 10.2-1。同时，政府主管部门应对安全事故采取一票否决制，坚决杜绝有重大影响的安全生产事故发生。

10.3　评价机制

通过《管廊运营与维护绩效考核评分表》可以对管廊的运营管理情况进行定量的评价，考核满分为 100 分，其中优秀为≥90 分，良好为≥80 且<90 分，合格为≥60 且<80 分，不合格为<60 分。政府主管部门可将评价结果与支付给运营公司的运营费挂钩，从而达到引导、督促和激励运营公司管理工作的开展。

管廊运营与维护绩效考核评分表 表 10.2-1

管廊运营与维护绩效考核评分表				
考核日期：				
考评项目		考评期间运营维护工作绩效考评要点	考评分值	
			满分值	考评得分
管理制度（21分）	日常维护管理	A. 综合管廊内的整洁和通风	1	
		B. 监督管线单位严格执行相关安全规程，做好安全监控和巡查等安全保障工作	1	
		C. 监督综合管廊内管线和附属设施施工单位严格执行相关安全规程和批准的安全施工措施方案，做好安全监控和巡查等安全保障	1	
		D. 配合和协助管线单位的巡查、养护和维修	1	
		E. 综合管廊结构的保护和维修及管廊内公用设施设备的养护和维修，保证设施设备正常运转	1	
		F. 综合管廊内发生险情时，采取紧急措施并及时组织管线单位进行抢修	1	
		G. 制定并实施综合管廊应急预案	1	
		H. 巡查保护综合管廊构筑物的完整、安全，及时发现并制止对综合管廊产生危害的行为	1	
	值班管理	A. 值班人员要坚守岗位，不得擅自离岗	1	
		B. 要认真处理好当班事宜，并记好值班日志，妥善保管、处置好来文来电、重要来访，严格做到事事有登记，件件有着落	1	
		C. 要认真接好电话，并做好记录和办理工作	1	
		D. 值班人员在接听电话时要做到文明亲切，听话、说话准确，记录完后要认真核对，确认无误后再终止通话。在写电话记录时要做到字迹工整，用词准确	1	
		E. 值班日记要按要求写清值班时间、值班人员、事项内容	1	
	安全检查管理	A. 日常检查以目测为主，每周不少于一次	1	
		B. 定期检查宜用仪器和量具量测，每季度不少于一次	1	
	档案资料管理制度	A. 维护维修计划，维护维修计划执行	1	
		B. 项目设施检查记录，包括日常检查、定期检查和专项检查；项目设施状态评定记录	1	
		C. 日常维修、中修及大修；相关政府部门检查结果；任何事故的详细记录	1	
	安全管理制度	A. 对进出管廊应进行严格的审批程序	1	
		B. 对入廊作业人员严格管理，实名登记并发放作业证，在廊内必须随身佩戴	1	
		C. 对廊内动火作业等特殊工种进行专项审批登记和重点监控	1	
组织保证（3分）		A. 运营管理部下设综合管廊控制中心和巡检组，有无具体分工，同时建立与城市执法和公安机关实时联动机制	2	
		B. 运营管理部配备机电、结构、消防等相关专职人员	1	

续表

考评项目		考评期间运营维护工作绩效考评要点	考评分值	
			满分值	考评得分
质量目标与保证（4分）	质量目标	A. 总体质量满足相关质量标准的要求，实现设计功能	1	
	质量保证	A. 运营管理部建立健全质量管理组织机构和工作制度，按ISO 9000标准进行质量管理，对运营质量实行全过程控制，并对运营质量负全责	1	
		B. 是否建立健全质量保证体系	2	
运营、维护（46分）	综合管廊日常运营	A. 管廊内应保持干燥、清洁，当有积水、淤泥时，应根据实际情况定期进行抽水清淤	1	
		B. 定期轮换启动风机、潜水泵并保证运行正常和备用，按照规定加装润滑油	1	
		C. 检查氧量、湿度、温度变送器及火灾探测器等测量元件显示正常，对于出现异常或者无显示的立刻检修	1	
		D. 每个班测试监控系统是否正常	1	
		E. 管廊内金属构架应定期进行地阻测试和防锈处理	1	
		F. 管廊内电缆的金属护层应有外护套防水、防腐保护，不得直接与水等接触	1	
		G. 检查管廊漏水情况，各种分缝的漏水等，检查排水实施完好，检查照明、电气系统正常	1	
		H. 巡查保护综合管廊构筑物的完整、安全，及时发现并制止对综合管廊产生危害的行为	1	
		I. 管线产权单位改变运行方式或者改变参数，必须提前1天书面向综合管廊管理公司通报，特别是停水、停热；送水、送热	1	
	廊体维护	A. 综合管廊属于地下构筑物工程，管廊的全面巡检必须保证每周至少一次，并根据季节及地下构筑物工程的特点，酌情增加巡查次数。对因挖掘暴露的管廊廊体，按工程情况需要酌情加强巡视，并装设牢固围栏和警示标志，必要时设专人监护	2	
		B. 巡检内容主要包括：各投料口、通风口是否损坏，百叶窗是否缺失，标识是否完整。查看管廊上表面是否正常，有无挖掘痕迹，管廊保护区内不得有违章建筑；对管廊内高低压电缆要检查电缆位置是否正常，接头有无变形漏油，构件是否失落，排水、照明等设施是否完整，特别要注意防火设施是否完善；管廊内，架构、接地等装置无脱落、锈蚀、变形；检查供水管道是否有漏水；检查热力管道阀门法兰、疏水阀门是否漏气，保温是否完好，管道是否有水击声音；通风及自动排水装置运行良好，排水沟是否通畅，潜水泵是否正常运行；保证管廊内所有金属支架都处于零电位，防止引起交流腐蚀，特别加强对高压电缆接地装置的监视；巡视人员应将巡视管廊的结果，记入巡视记录簿内并上报调度中心	10	
		C. 日常巡检和维修中要重点检查管道线路部分的里程桩、保坎护坡、管道切断阀、穿跨越结构、分水器等设备的技术状况，发现沿线可能危及管道安全的情况；检查管道泄漏和保温层损害的地方；测量管线的保护电位和维护阴极保护装置；检查和排除专用通信线故障；及时做好管道设施的小量维修工作，如阀门的活动和润滑，设备和管道标志的清洁和刷漆，连接件的紧固和调整，线路构筑物的粉刷，管线保护带的管理，排水沟的疏通，管廊的修整和填补等	4	

续表

考评项目		考评期间运营维护工作绩效考评要点	考评分值	
			满分值	考评得分
运营、维护（46分）	附属设施维护	A.控制系统、火灾消防与监控系统、通风系统、排水系统和照明系统相关设备必须经过有效及时的维护和操作	4	
		B.控制中心与分控站内的各种设备仪表的维护需要保持控制中心操作室内干净、无灰尘杂物，操作人员定期查看各种精密仪器仪表，做好保养运行记录；发现问题及时联系公司相关自控专业技术人员；建立各种仪器的台账，来人登记记录，保证控制中心及各分控站的安全	2	
		C.通风系统指通风机、排烟风机、风阀和控制箱等，巡检或操作人员按风机操作规程或作业指导书进行运行操作和维护，保证通风设备完好、无锈蚀、线路无损坏，发现问题及时汇报至公司的相关人员，及时修理	2	
		D.排水系统主要是潜水泵和电控柜的维护，集水坑中有警戒、启泵和关泵水位线，定期查看潜水泵的运行情况，是否受到自动控制系统的控制，如有水位控制线与潜水泵的启动不符合，及时汇报，以免造成大面积积水影响管廊的运行	2	
		E.照明系统的相关设备较多，电缆、箱变、控制箱、PLC、应急装置、灯具和动力配电柜等设备。保证设备的清洁、干燥、无锈蚀、绝缘良好，定期对各仪表和线路进行检查，管廊内和管廊外的相关电力设备全部纳入维护范围。电力系统相关的设备和管线维护应与相关的电力部门协商，按照相关的协议进行维护	2	
		F.火灾消防与监控系统，确保各种消防设施完好，灭火器的压力达标，消防栓能够方便快速地投入使用，监控系统安全投入	2	
	综合控制中心维护	A.控制中心的维护包括日常维护及定期维护。日常维护是各子系统发生故障时及时维修。定期维护是整个控制中心定期（每季或每月）对整个系统运行出现的问题进行维修及保养	1	
	综合巡查	A.处理管道的微小漏油（砂眼和裂缝）；检修管道阀门和其他附属设备	1	
		B.检修和刷新管道阴极保护的检查头，里程桩和其他管线标志	1	
		C.检修通信线路，清刷绝缘子，刷新杆号	1	
		D.清除管道防护地带的深根植物和杂草；洪水后的季节性维修工作	1	
		E.露天管道和设备涂漆	1	
客服服务方案（11分）	客户服务制度	A.保持管廊内的整洁和通风良好	1	
		B.建立健全维护管理工作制度，搞好安全监控和巡查等安全保障	1	
		C.统筹安排管线单位日常维护管理，配合和协助管线单位的巡查、维护和维修	1	
		D.负责管廊内通风、排水、照明、消防等附属设施及控制中心设施设备的正常运转	1	
		E.组织制定管廊管理应急预案，管廊内发生险情时，应当采取紧急措施并及时通知管线单位进行抢修	1	
		F.为保障管廊安全运行应履行的其他义务	1	

续表

考评项目		考评期间运营维护工作绩效考评要点	考评分值	
			满分值	考评得分
客服服务方案（11 分）	客户服务标准	A. 维护维修计划	1	
		B. 维护维修计划执行情况	1	
		C. 项目设施检查记录，包括日常检查、定期检查和专项检查	1	
		D. 项目设施状态评定记录	1	
		E. 项目设施维修记录，包括日常维修、中修及大修	1	
安全管理及应急预案方案（12 分）	安全管理方案	A. 制定具有针对性的各项安全管理制度	1	
		B. 对所有员工进行上岗前的安全教育，持证上岗	1	
		C. 运营前的安全检查	1	
		D. 每月组织安全生产大检查，积极配合上级进行专项和重点检查	1	
		E. 针对城市综合管廊的重大危险源，现场设备的运用、运转、维修进行检查	1	
		F. 季节性、节假日安全生产专项检查	1	
	应急预案	A. 制定触电事故的救援预案	1	
		B. 制定高处坠落及物体打击事故的救援预案	1	
		C. 制定坍塌事故的救援预案	1	
		D. 制定机械伤害事故的救援预案	1	
		E. 制定中毒事故的救援预案	1	
		F. 制定火灾事故的救援预案	1	
环境保护方案（3 分）		A. 环保工作与经济效益奖金挂钩，奖优罚劣	1	
		B. 加强环保工作宣传，提高环保意识	1	
		C. 严格执行环保规定及管理办法	1	
		D. 建立完善的环境监测体系，制定环境监测计划	1	
合计			100	
考评部门：				
考评人员签认：				

第11章　统一管理平台

目前，综合管廊运营管理主要以传统监控系统为手段，硬件架构上依靠综合管廊内的电气、仪表、网络设备及监控中心设置的若干服务器实现对综合管廊内环境质量、安全防范及消防等系统的集成，存在可靠性低、扩展性差等问题。软件架构上局限于对综合管廊内环境监控、视频监控、安防监控等功能的简单整合，获得的数据仅仅是单纯对综合管廊运行状态的表达，对综合管廊生命周期内所涉及的管廊建筑结构、设计图纸、设施设备、入廊管线等信息缺乏统一的描述和有效的组织，运营过程中一方面容易造成上述信息的丢失，另一方面获取上述信息的检索途径繁琐，降低了运营管理的效率。

此外，为保证管廊的安全运行，运营单位还要开展日常巡检、维修保养等一系列的管理工作，而这些管理工作又依赖于监控系统的数据。因此，为了实现管廊内数据信息的共享，加强综合管廊的运营管理工作，提高综合管廊的服务水平，需建立一套适合于综合管廊的统一管理平台。本章从统一管理平台的总体要求、基本功能定位、总体架构设计、软硬系统及网络安全等方面对平台进行了描述，为建立管廊统一管理平台提供参考。

11.1　总体要求

统一管理平台应能适应管廊的管理模式，可采用物联网、GIS、BIM、巡检机器人和云计算等技术，将多个独立的管廊运营管理子系统集成为统一的智能管理平台，以满足综合管廊监控管理、日常运维业务管理、安全报警、应急联动等要求。

11.2　基本功能定位

综合管廊智慧运维管理系统，包括系统维护模块、运维单位业务模块C/S端、运维单位业务模块M/S端、管线单位业务模块、数据接口模块、智慧决策支持模块和统一数据库。

1. 系统维护模块

系统维护模块包括用户管理、角色权限管理、流程配置管理、表单定制化管理、部件分类管理、设备编码映射管理、GIS数据管理、3D模型管理、巡检项目管理、系统日志管理、二维码打印等。

2. 运维单位管理模块C/S端

运维单位管理模块C/S端为管廊运维单位在运营综合管廊过程中所使用的桌面端管理系统，系统由服务端和客户端组成，服务端主要负责数据存储、处理、传输、数据接口等，C/S客户端主要功能包括大屏展示、首页主界面、设施设备和环境监控管理、安全管理、定位管理、维护管理、资产管理、能耗统计、巡检管理、备品备件管理、知识库管理、内部事务管理等。

3. 运维单位业务模块 M/S 端

运维单位业务模块 M/S 端为管廊运维单位在运营综合管廊过程中所使用的移动端管理系统，移动端包含 IOS 和 Android 两个平台版本，包括移动端 3DGIS、日程查询、维护作业、二维码扫描、定位、备品备件查询、知识库查询、个人信息设置、通知公告等。

4. 管线单位业务模块

管线单位业务模块是管线使用单位操作的系统，管线单位系统为 B/S 方式，包括首页主界面、资产管理、入廊作业、资料下载、故障管理、账号信息管理。

5. 数据接口模块

数据接口模块与外部系统进行数据交换，包括 SCADA 系统接口、安全防范系统接口、消防系统接口、机器人巡检车系统接口。

6. 智慧决策支持模块

智慧决策支持模块用于对管廊运维管理提供辅助决策支持，包括设备全生命周期成本跟踪与控制、运维安全智慧预警、动态灾情重构及应急救援辅助决策。

11.3　总体架构设计

系统以物联网技术为基础，通过企业级数据总线（EAI）及工业实时数据库软件对综合管廊内环境与设备监控、视频监控、门禁控制、人员定位、机器人巡检车及消防等系统的数据进行采集、传输、存储、分析和应用。展示层通过 3DGIS、管廊 BIM 三维模型以及监控数据进行统一运维指挥管理，并结合云计算、大数据分析技术，对现场信息及综合管廊其他信息进行分析、判断，为综合管廊的安全运营提供决策支持，门户层为综合项目公司和入廊管线单位提供统一的用户访问界面。具体模型见图 11.3-1。

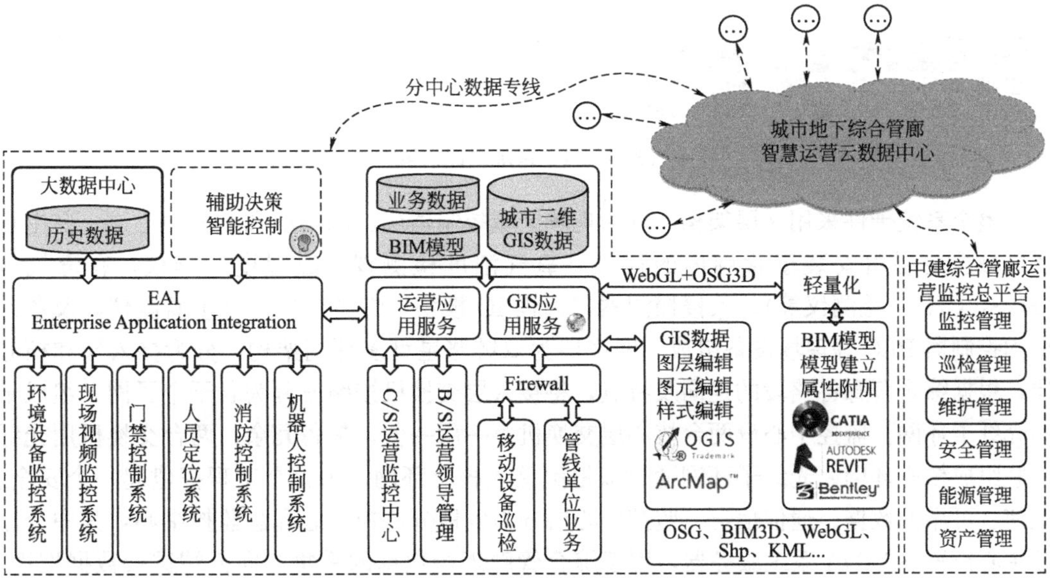

图 11.3-1　系统总体结构

11.4 硬件系统

综合管廊智慧运维系统运行于综合管廊现场，一方面利用物联网技术实现对综合管廊内环境及设备实时的监控，另一方通过标准化的技术将综合管廊运维过程中的数据发送至云平台，实现数据的储存。云平台利用虚拟化的技术将各种不同类型的计算资源抽象成服务的形式向用户提供，能够给综合管廊监控系统提供高安全性、高可靠性、低成本的数据存储服务。系统硬件构架如图 11.4-1 所示。

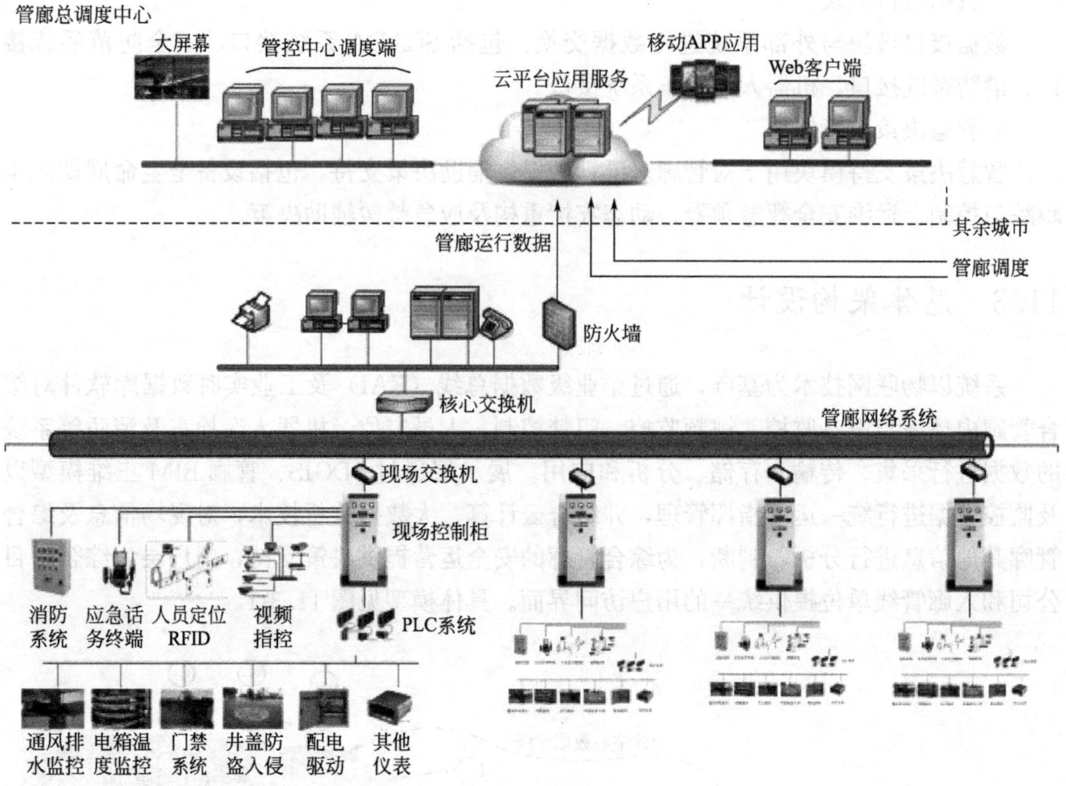

图 11.4-1 系统硬件构架

整个系统硬件采用 3 层架构，分为现场区域控制器层、网络层和监控中心层。其中现场区域控制层由安装于管廊内的仪表（氧气浓度检测仪，温湿度检测仪，有毒气体（H2S，CH4）检测仪等），入侵探测器，远程 IO 模块，综合继保，电量监测仪，及各区域内控制器 PLC 等现场设备组成。网络层为双链路星型多环网架构，分为接入层和核心层，根据综合管廊各路段的走向及特点，将接入层交换机按路段分为若干个子网，组成千兆光纤子环网。监控中心设两台核心层交换机，一用一备，热备冗余，两台交换机用光纤互联组成核心环网。光纤子环网通过双链路接入核心环网，为整个工程搭建起一个安全、快速、可靠的数据、通信信道。监控中心层分为各地分监控中心和总监控中心，其中分监控中心设置 SCADA 系统服务器，用于综合管廊现场数据的采集和向云端进行数据推送，总监控中心基于云平台构建，实现各区域内综合管廊数据的集中处理及应用服务。

11.5　软件系统

11.5.1　软件架构

系统软件架构如图 11.5-1 所示，分为支撑层、数据层、应用层及系统展示四层。支撑层一方面通过通信协议获取综合管廊监测监控实时数据，经处理后写入监测监控实时数据库和历史数据库，另一方面支撑层通过数据接口获取 GIS，三维模型等软件提供的综合管廊基础数据。以上数据可通过消息队列向上层应用推送。

数据层主要包括 BIM 数据库、GIS 数据库、SCADA 系统数据库及入廊管线数据库、业务数据库等，数据库层实现了综合管廊运行全生命周期内数据的统一存储、分析、判断，并向应用层提供决策支持。

应用层包括综合管廊运维管理体系、入廊管线管理体系、综合管廊应急抢险体系、节能管理和行政能效体系，为综合管廊运维综合管理平台提供监控与预警、联动控制、运维、应急抢险和行政管理等全方位的应用功能。

系统展现层为包括 WEB 应用端和桌面应用端，向用户提供加直观、易用的界面，并且能简化用户的使用并节省时间。

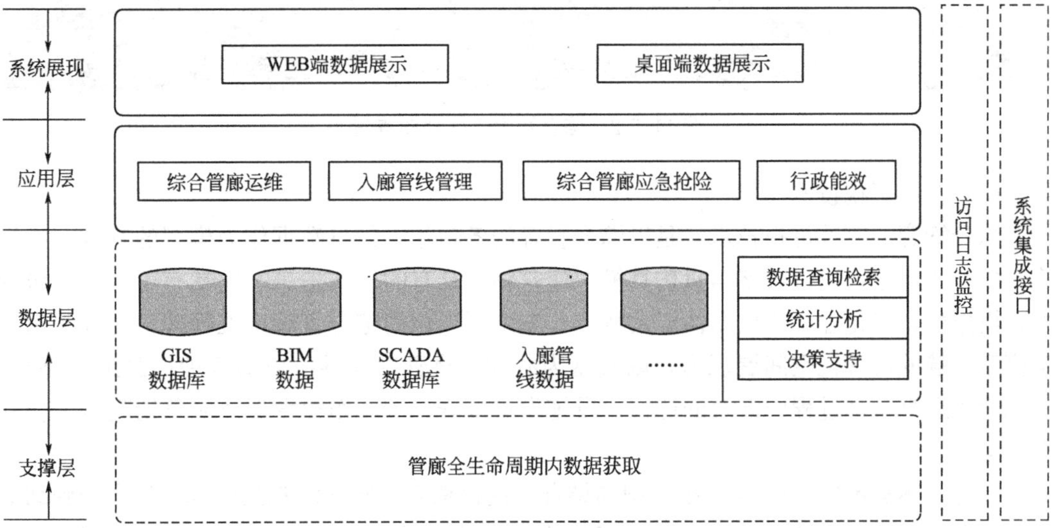

图 11.5-1　软件架构

11.5.2　关键技术介绍

综合管廊运维管理的周期长、难点多、安全性要求高，因此在运维中保障综合管廊安全、稳定的运行是其首要任务。智慧化的综合管廊运维管理技术能够提高运维质量和效率，降低运维成本和故障率。

1. GIS 和三维可视技术

(1) GIS 技术

GIS（Geographic Information System 地理信息系统）是在计算机硬、软件系统支持下，对整个或部分地球表层（包括大气层）空间中的有关地理分布数据进行采集、储存、管理、运算、分析、显示和描述的技术系统。GIS 作为各区域内综合管廊全线数据整合集成的引擎平台，基于统一基础地理坐标系，根据综合管廊线路、区间段精确走向、标高等规划方案进行综合管廊地图管理，见图 11.5-2。

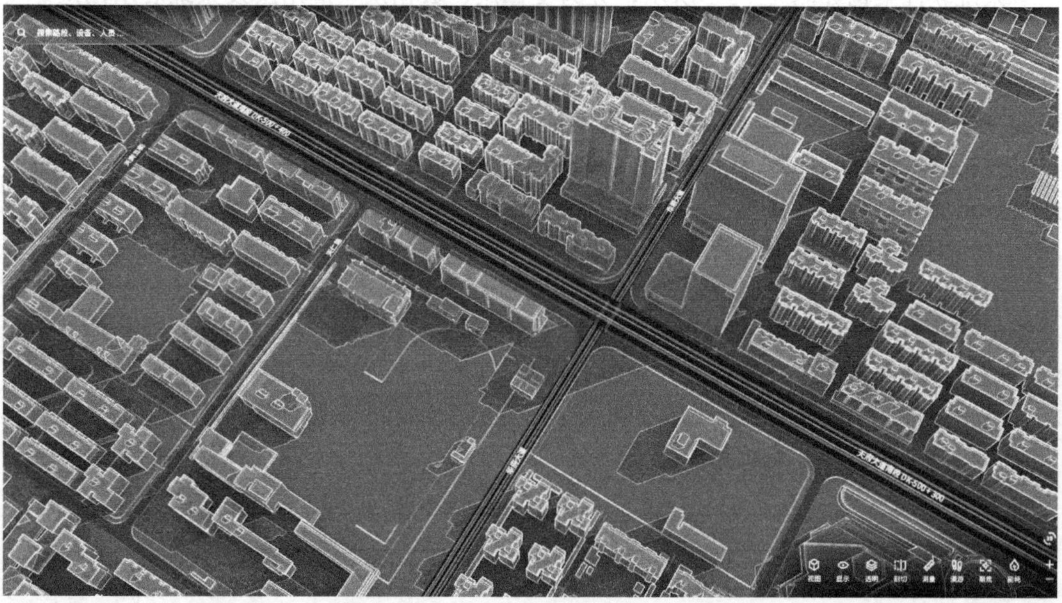

图 11.5-2　综合管廊 GIS 地图查看

（2）三维可视技术

综合管廊的三维可视技术，是以综合管廊的各项相关信息数据作为模型的基础，进行建筑模型的建立，通过数字信息仿真模拟建筑物所具有的真实信息。它具有可视化，协调性，模拟性，优化性和可出图性五大特点。三维可视化的综合管廊运维管理，充分利用三维模型优越的可视化空间展现力，以模型为载体，将管廊运维阶段的各种信息进行整合，实现管廊运维管理过程中涉及的巡检、设施设备维修、入廊作业管理及应急抢险等工作的有效运作。

综合管廊运维中 GIS 与三维模型的结合，使得综合管廊从宏观到微观、从全局到细节都有了良好的管理条件。在综合管廊运维中，将综合管廊实体 1∶1 数字化至运营平台，将城市综合管廊在城市的分布情况、周边环境、异常情况通过 GIS 集中展示并与模型产生交互（图 11.5-3）。通过平台的 GIS 和模型的结合管理可实现定位综合管廊相对城市的所在位置、精准确定出入口位置、安全预警和消防预警定位、设备定位、巡检人员定位、设备工作状态查看、设备信息显示、管廊属性查询、管廊管理信息维护、综合管廊运维数据管理等，从而展开对综合管廊的数字化管理，降低运营成本，提高运营效益。

2. 云计算技术

随着现代社会科学技术的发展和互联网时代的来临，管廊的建设呈爆发式的增长，其运维管理的数据量和信息量随之快速增长。在管廊运维体系内有着海量的数据需要得到实

图 11.5-3　综合管廊 GIS＋三维模型智慧化管理

时处理。对于物理支撑的服务器硬件来讲，对其计算能力的要求也相应提高。在单一应用系统的时代，对于运算能力的需求通常是通过硬件投入来满足。但在现在，越来越多的运算需求是通过分布式并行技术实现的。这种技术的应用可以实现应用系统之间的硬件复用，降低了软件系统对硬件的要求。但是相应的对软件的复杂度和分布式部署提出了更高的要求，因此出现了云计算的概念。

云计算的核心思想是通过网络将各个应用系统中的硬件运算资源进行统一的调度，将大型的运算需求拆分并通过一定的算法将拆分后的任务分配给合适的计算节点进行处理。由以上描述可以看出，要实现云计算首先有两个前提条件：一是要有足够海量的数据处理需求，这种需求必须大到“值得拆分”；二是要有足够高效的支撑网络资源，这种网络既包括传输交换网络，也包括运算资源网络，网络的效率必须满足实时性的要求。作为处理海量数据的新方法、新理念，云计算必将成为管廊运维产业发展的支撑技术之一。

要全面实现云计算概念的核心思想，首先要求单一服务器要支持虚拟主机的功能。通过虚拟化技术，可以将分布式部署的不同服务器统一调度，在不影响原有应用系统调用、运算需求的情况下，为来自网络运算需求服务。服务器可以被虚拟成多个操作系统，进而提高了服务器的运算效率。服务器上还可以在网络和应用之间建立防火墙，以免恶意的调用造成虚拟机效率的下降。

未来的发展中，管廊运维体系应该在管廊标准化体系建设、管廊统一规范编码、管廊数据与数据库的应用、管廊运维信号传输和处理等方面作出成绩，为真正实现我国综合管廊的智慧化运维作出贡献。

综合管廊行业的发展趋势不可逆转，全国的建设规模只会愈加庞大，在长达百年的管廊生命周期中，管廊运维必将蓬勃发展。在我国如此之大的管廊建设体量之下要有序、高效、安全地管理综合管廊云中心是一个行之有效的方式。综合管廊各地的运营中心虚拟化，连接在一起形成地区云中心，地区云中心互联形成国家云中心，这样避免了管廊管理中的信息孤岛，盘活各中心硬件资源，使管廊运维资源有效地利用起来，同时便于国家对综合管廊这一城市生命线开展全生命周期的统一管理。

3. 大数据分析技术

综合管廊运维大数据分析技术主要应用于设备管理和安全管理两个方面。

(1) 设备管理方面

目前综合管廊设备维护主要依靠人工进行定时或不定时的检修或维护，依靠经验虽可以得出一些设备出现故障的规律，但仅仅依赖单一手工登记、个人记忆等记录方式进行的简单设备资产信息管理存在着诸多缺陷与不足，已远远不能够满足现代综合管廊运维管理的要求。

综合管廊运营过程中，由于设备状态数据（包括设备成本数据、运行数据及外界环境数据等）存在体量大、类型繁多等特点，可以将大数据技术引入到管廊内设备的管理中，实现设备全寿命周期的管理。本书以管廊内风机为例，将大数据技术应用到管廊内风机的管理，通过对风机相关数据进行分析（图 11.5-4），优化风机开关的最佳阈值、维护计划、开启方式等，达到对风机全寿命周期内的最优成本控制。

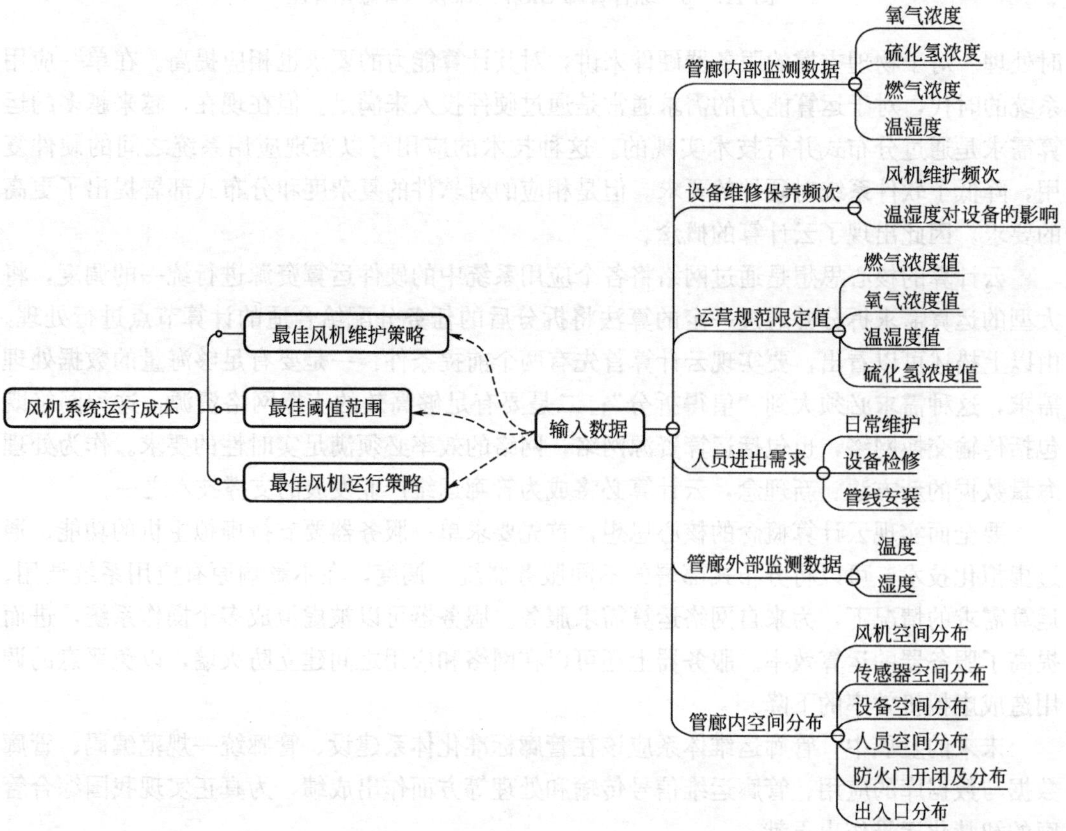

图 11.5-4　风机运行成本相关数据分析

(2) 安全管理方面

大数据技术在安全管理方面的应用，重点基于日常运营产生的安全数据信息构建具备隐患防控、监控预警的智慧预警系统，以及动态灾害场景重构与动态应急救援的决策支持系统。

在智慧预警系统方面，基于管廊致灾机理和演化规律，可建立基于本体的管廊运维安防知识图谱系统，提供安防知识的自动问答；结合知识图谱系统，对管廊运维过程中产生的多源海量数据进行可视化和敏感度分析；基于安防知识图谱和多源海量安防数据，设计基于聚类分析和深度学习的安全风险评估方法；基于管廊空间的拓扑结构和管廊安全数据，发掘二者之间的依赖关系；利用深度学习算法研究运维安全数据和安全事故的内在机理，扩充安全知识图谱系统，并形成多级智慧预警体系。

在动态灾害场景重构与动态应急救援方面，在对管廊内灾害监测预警及监控系统采集的直接数据进行动态分析处理和数据挖掘基础上，借助灾害学基础理论与方法，提供实时、准确、全面的灾害现场关键参数与灾情信息，并实现从有限的、离散的采集信息到全面、连续、三维的管廊内灾害现场的动态构建与实时重现。基于动态灾害场景重构与灾害态势与风险（以地层-管廊-管道设施-内部环境为对象）实时分析和评估技术，实现综合管廊疏散救援与应急处置措施的实时动态调整和更新，确保综合管廊应急救援与处置的有效性与可靠性。

4. 机器人巡检技术

随着人工成本的逐年提升，高效率、高精度、低成本的智能设备逐步进入管廊运维市场，综合管廊的运维管理已初步采用智能设备开展管理工作，例如：中建地下空间有限公司的管廊运营管理中采用智能巡检车（图 11.5-5）替代人工巡检，巡检车的使用，将有效提高综合管廊的运行管理效率，及时发现管廊内各项设备的异常和故障情况，减少管廊灾害和事故的发生。

图 11.5-5　管廊智能巡检车

智能巡检车具有高清图像采集、巡检路径规划、重点部位巡检、自主避障、自主充电及一键返航等功能，具体如下：

（1）高清图像采集

综合管廊内的固定摄像头离散分布于管廊沿线，无法做到管廊监控的全方位覆盖。巡检机器车搭载有高分辨率可见光摄像头，高倍率放大变焦，以及夜间补光效果，在地下管廊昏暗环境下，实现对管廊内的高清图像采集。

（2）巡检路径规划

巡检路径规划包括识别管廊内标记的轨迹及预设的巡检路径两种方式。巡检车可根据路径自动导航，完成巡检任务。路径识别具有一定的鲁棒性，路径出现轻微损坏的情况可正常完成巡检。

（3）重点部位巡检

通过在巡检车地图上，后台设置重点巡检部位，配置巡检内容，巡检车会停下后详细巡检。可再编辑、删除重点巡检点位。巡检过程中，一旦发现异常，巡检车将自动将报警信息推送至监控中心。

1）廊体裂缝识别

按照预设值对廊体出现的裂缝进行识别，提供告警信息，并将图像和信息传回监控中心。

2）廊体渗漏水识别

识别廊体是否有渗漏水，确认渗漏水后，提供告警信息，并将图像和信息传回监控中心。

3）空气质量检测

巡检车通过搭载的各类传感器，实现对管廊内部环境参数（氧气浓度、有害气体浓度、温湿度）的检测，当环境参数超过预设值，提供告警信息并将信息传回监控中心。

（4）自主避障

巡检车在行驶过程中遇到障碍物可提前停止运动或者避让，不会和障碍物发生碰撞。移除障碍物后可恢复行走。巡检过程中发现新增障碍物（如：巡检人员、检修工具）同样可以防碰撞和避开。移除管廊内之前在巡检中所遇到的障碍物，巡检车可直接行走，不会发生避让动作。

（5）自主充电

当巡检车电量低于设定的阈值后，根据地图，自动前往就近充电点位进行充电，电量达到阈值及以上，巡检车则继续完成未完成工作。巡检车开启和结束充电的电量阈值可配置。能与充电插座进行自动配合，完成充电。

（6）一键返航

启动一键返航功能，巡检车无论处于何种工作状态均可按照预设的策略返航。

11.5.3 软件功能实现

1. 智慧运维系统 C/S 端

（1）综合管廊 GIS＋三维模型管理

智慧管理系统采用 GIS＋三维模型技术，将综合管廊实体 1∶1 虚拟至平台，通过平台的 GIS＋三维模型管理可实现定位综合管廊相对城市的所在位置、精准确定出入口位置、安全预警和消防预警定位、设备定位、巡检人员定位、设备工作状态查看、管廊管理信息维护、综合管廊运维数据管理等，从而展开对综合管廊的数字化管理，降低运营成本，提高运营效益，见图 11.5-6。

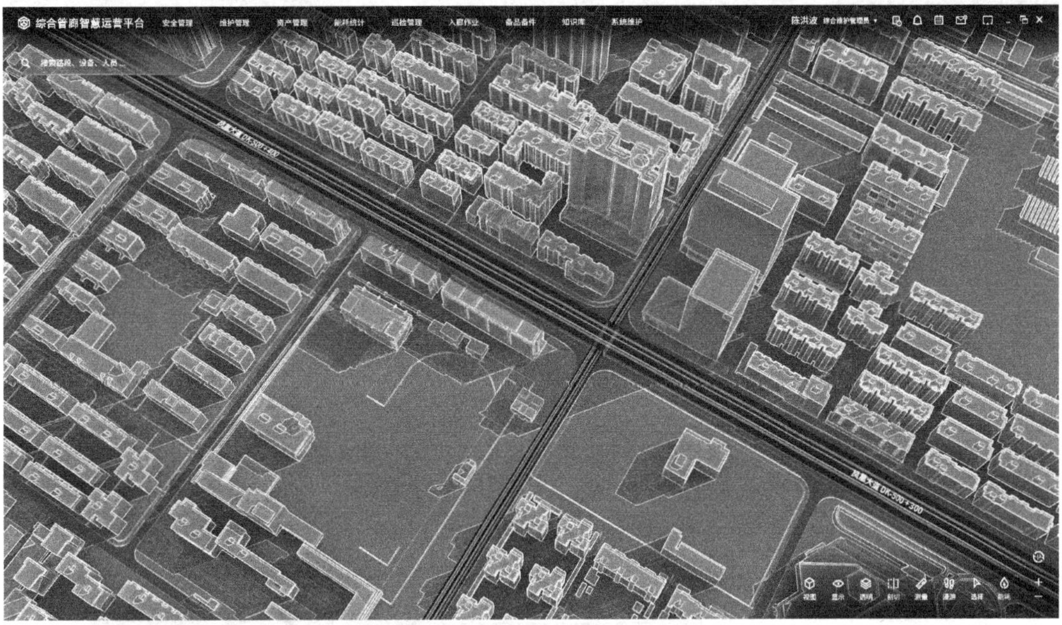

图 11.5-6　综合管廊 GIS 地图查看

(2) 环境监控与设备监控

智慧管理系统通过实时工业数据库查询环境与设备监控系统中相关设备实时数据和历史数据，并将设备数据与管廊 GIS 数据库和 BIM 模型数据库进行关联，实现对设备现场数据的可视化展示及应用。实际运行中，可通过设备关键信息检索或直接通过设备模型来选择某一具体设备，浏览被选中设备的开启状态、运行时间及控制模式等运行状态信息。同时，现场设备出现一旦故障，系统通过关联的设备位置信息准确定位故障设备位置，并根据故障类型给出合理的维修建议，见图 11.5-7。

设备运行策略控制方面，智慧管理系统通过获取管廊内氧气浓度、温湿度等与设备运行控制相关联的参数，并根据系统内置的控制策略向现场设备发送控制命令，实现对管廊内设备运行状态的智能控制。

(3) 视频监控管理

视频监控管理实现了对综合管廊内的所有视频监控设备的直接管理，对摄像机进行旋转、对焦、抓拍等操作，平台显示综合管廊内关键节点和出入口视频，其他部位视频可通过索引查找，视频显示包括全屏、定位、跟踪、历史查询等操作功能。实现了对综合管廊 24 小时全方位监控，极大地保障了综合管廊的安全和工作人员的安全，见图 11.5-8。

(4) 管廊运行状态管理

综合管廊在运行过程中，廊内的环境温度、湿度、各类气体浓度，管廊内的风机、水泵、配电柜、网络、传感器等设备的运行状态，管廊的门禁、消防、出入口的安全状态，管廊运行中的巡检频次、巡检内容、廊体和设备的维护等内容均会影响管廊的运行状态，进一步的影响管廊的安全，体现了管廊运行质量的好坏，因此对管廊运行状态的监控是迫

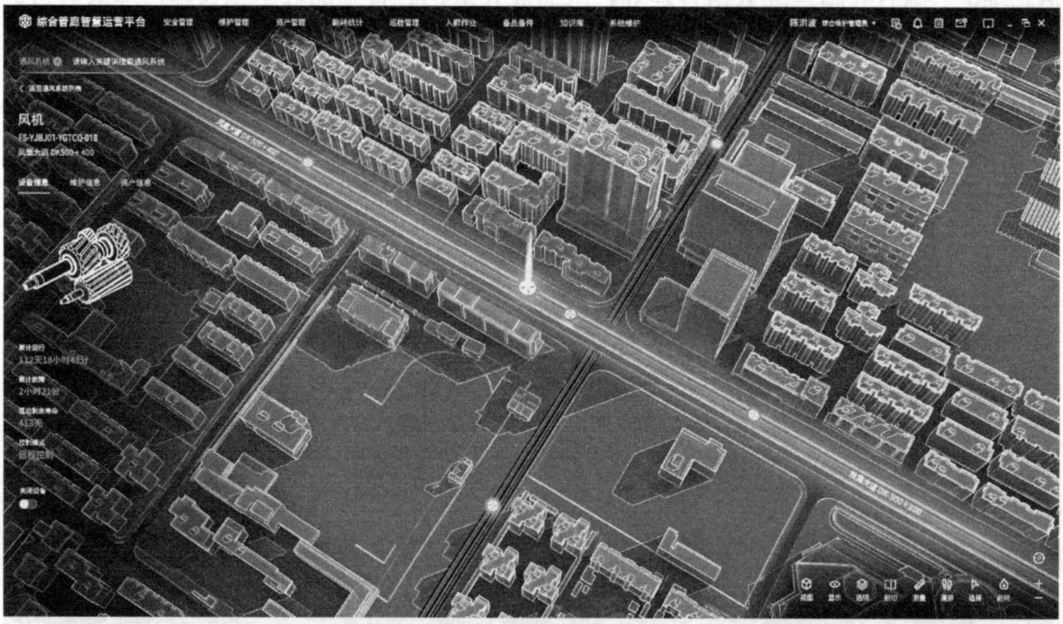

(*a*) 空间故障定位

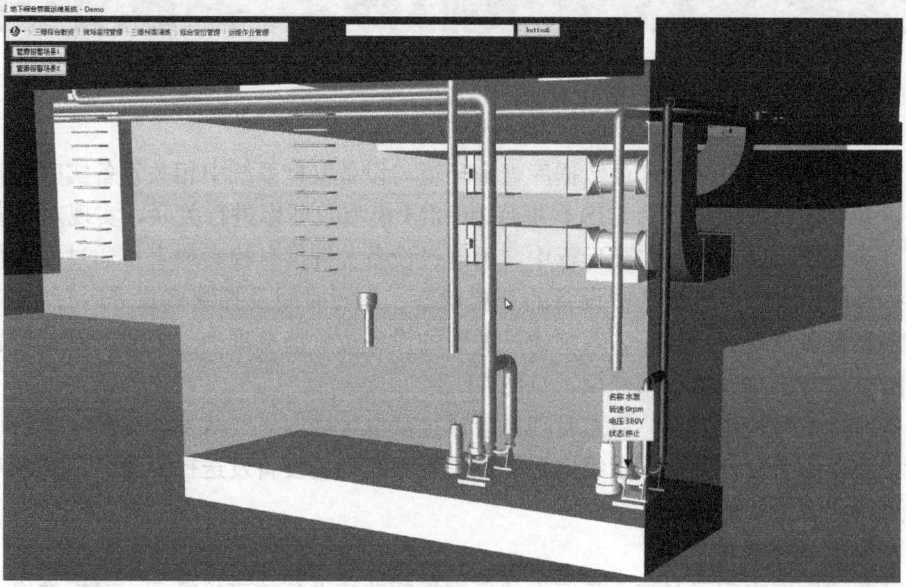

(*b*) 设备故障定位

图 11.5-7　综合管廊设备监控预警

切及必要的，见图 11.5-9。

(5) 巡检管理

综合管理巡检包含日常巡检和异常巡检。日常巡检由巡检人员根据排班安排，对综合管廊内外环境和附属设施运行状态进行检查，巡检签到，对巡检的内容进行记录，故障部件进行拍照取证，日常巡检确保了综合管廊的安全和设备的状态。异常巡检是在接收到报警或者巡检异常报告后，派发给巡检人员或维修人员的巡检单，从而对报警及事故现场的

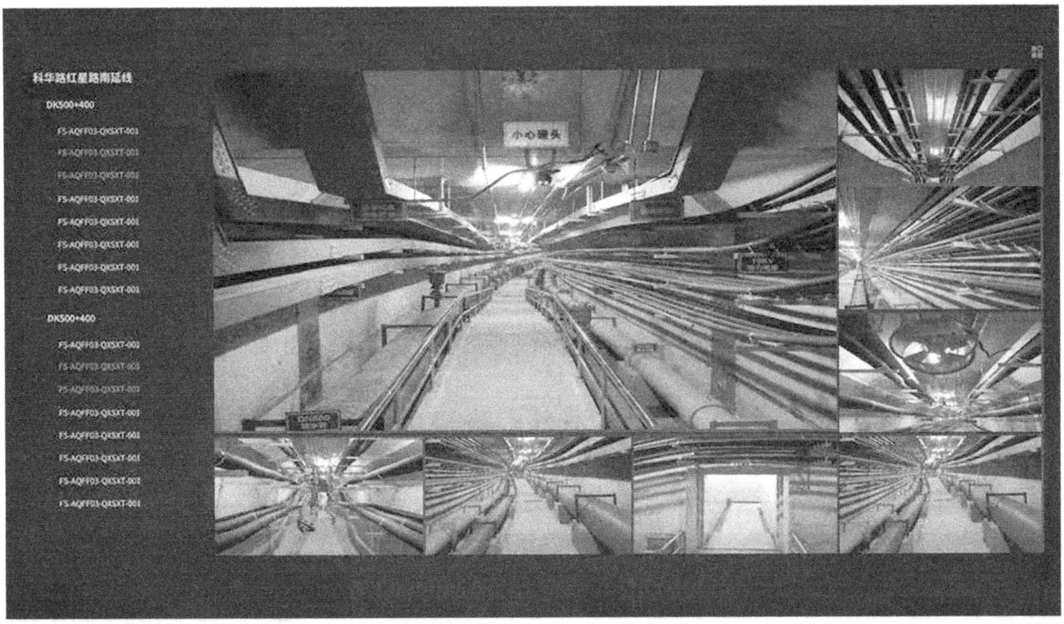

图 11.5-8　综合管廊视频监控管理

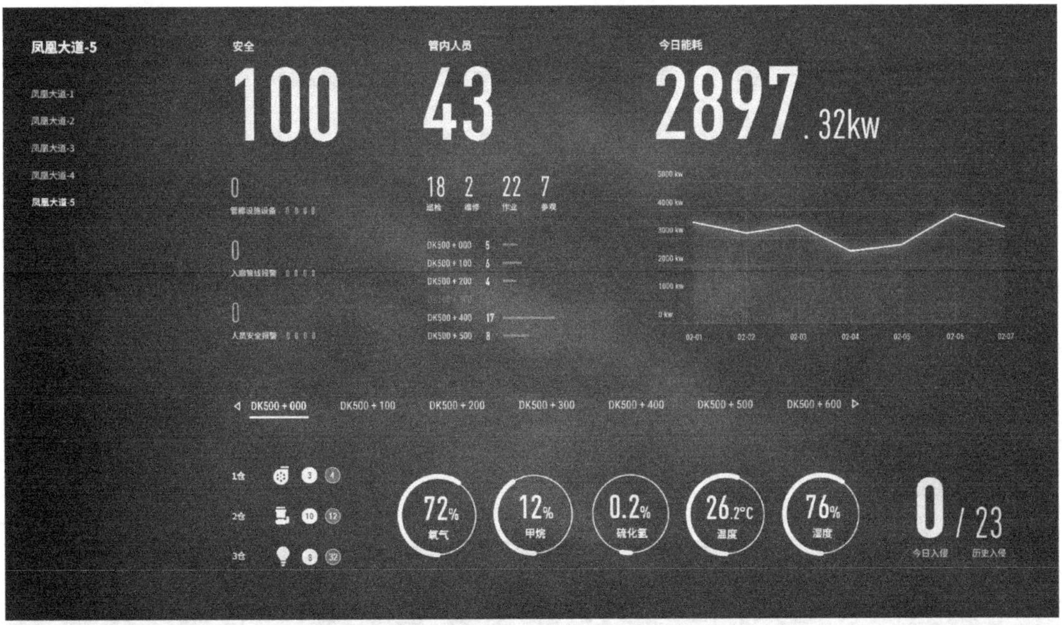

图 11.5-9　综合管廊运行状态管理

再次确认，对管廊异常进行维修处理，异常巡检完成现场处理后，拍照取证，由运维管理单位相关负责人确认无误后方可结束异常巡检工作。以确保综合管廊的正常运行，见图 11.5-10、图 11.5-11。

（6）能耗管理

综合管廊在运维过程中，附属机电设备、数据中心设备均会产生巨大的耗能，如何在

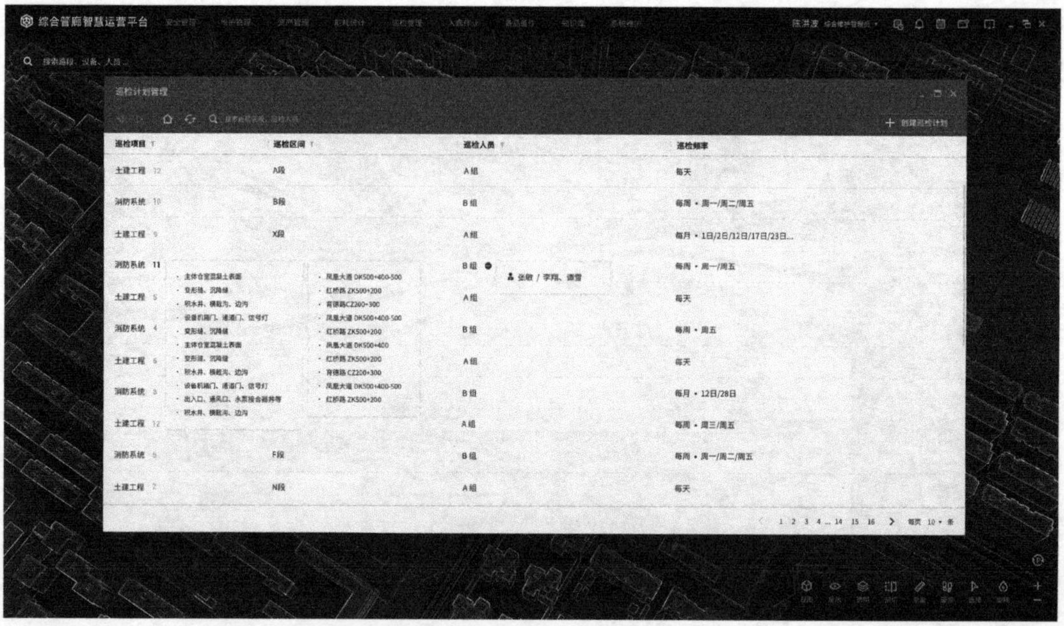

图 11.5-10　巡检计划管理

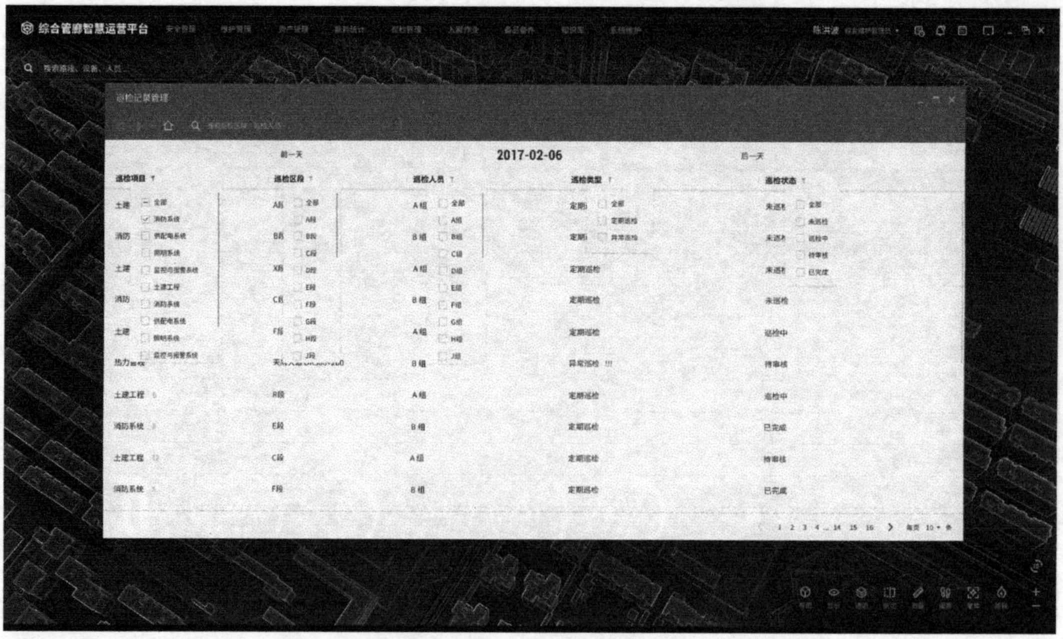

图 11.5-11　巡检记录管理

保证综合管廊运行安全和质量的前提下减少耗能、节能减排是管廊运行中多方单位共同关心的问题。例如可以调整管廊内部照明时间、顺序，可以调整通风设备的开闭频次、时长，以达到降低能耗，提高设备使用寿命的目的。在此，需要有一个前提，那就是管廊运行中的能耗统计，然后再进行能耗管理，实现综合管廊运维的节能减排，见图 11.5-12、

图 11.5-13。

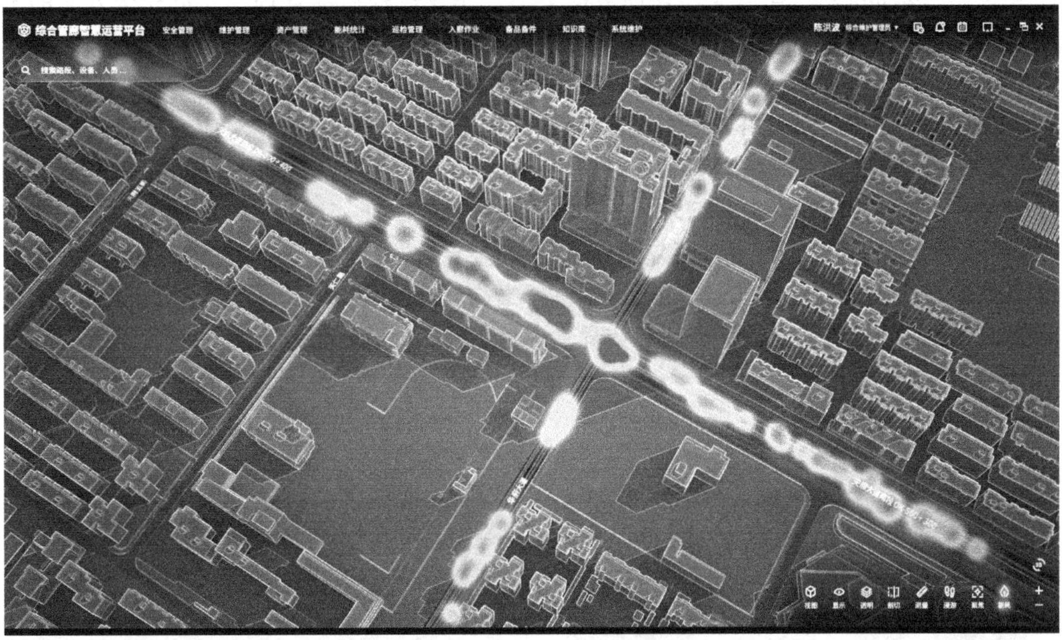

图 11.5-12　GIS 地图上的能耗分布

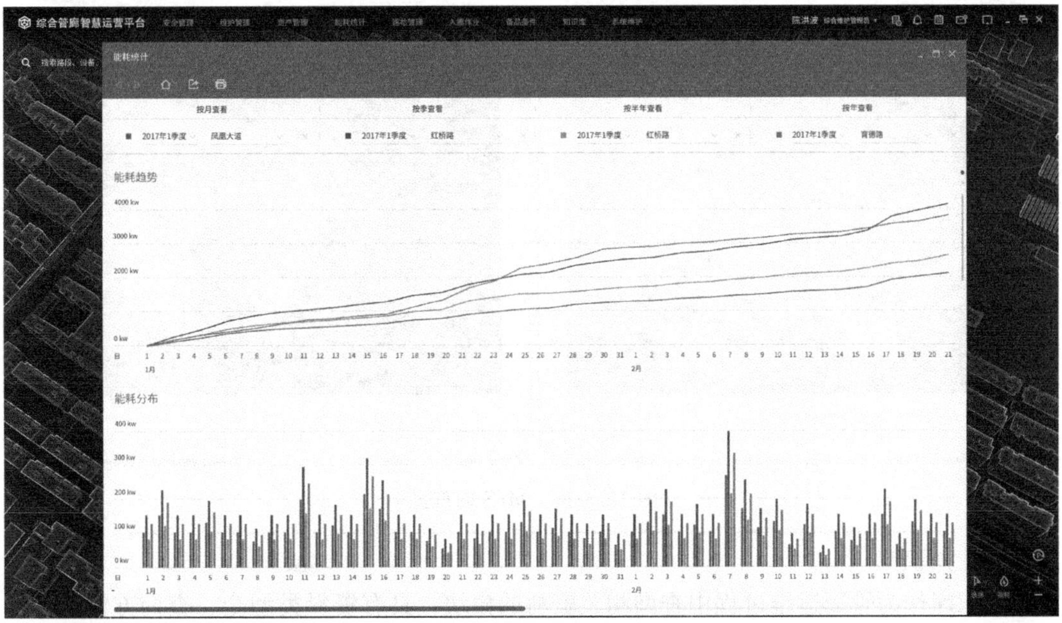

图 11.5-13　综合管廊能耗统计和对比

2. 智慧运维系统 M/S 端

综合管廊智慧运维系统的 M/S 端作为系统的一个扩展和必要补充，应用于廊内作业、移动办公、数据采集等，包含了巡检、定位、GIS＋三维查看、安全告警、日程管理、知识库、通知公告、备品备件管理等功能。M/S 端作为综合管廊智慧运维系统的一部分弥补了系统在移动办公、管廊现场管理数据采集、作业过程精细管理、人员安全方面的不足，具有重大的应用价值。

(1) 巡检管理

M/S 端的巡检管理同样包含日常巡检和异常巡检，与 C/S 端相对应。日常巡检由巡检人员根据排班安排，对综合管廊内外环境和附属设施运行状态进行检查，巡检签到，在移动终端上对巡检的内容进行记录，故障部件进行拍照取证，日常巡检确保了综合管廊的安全和设备的状态。异常巡检是移动终端在接收到异常巡检单后，巡检人员或维修人员对报警及事故现场的再次确认，对管廊异常进行维修处理，异常巡检完成现场处理后，拍照取证，由上级领导确认无误后方可结束异常巡检工作，以确保综合管廊的正常运行，见图 11.5-14、图 11.5-15。

图 11.5-14　M/S 端首页

(2) 知识库

知识库作为管廊运维过程中查询相关资料的模块，具有资料类型全、查询方便、易于使用的特点。有效地解决了工作人员在廊内作业过程中对设备参数、维修规范等的需求问题，见图 11.5-16。

(3) 备品备件管理

M/S 端的备品备件用于处理因为维修、安装等原因产生的设备需求申请和审批，与物资管理、审批管理配合使用。便于解决备品备件管理不规范的问题，同时，备品备件管

图 11.5-15　M/S 端巡检管理

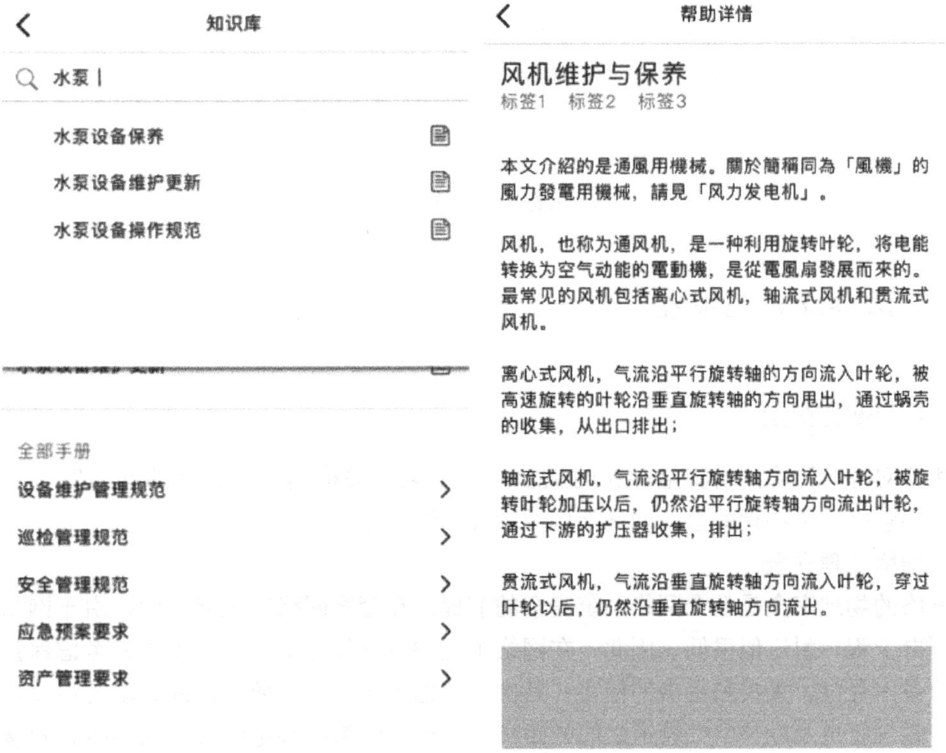

图 11.5-16　M/S 端知识库

理为大数据分析中的设备全生命周期成本分析和管廊运维成本分析提供基础数据，见图11.5-17。

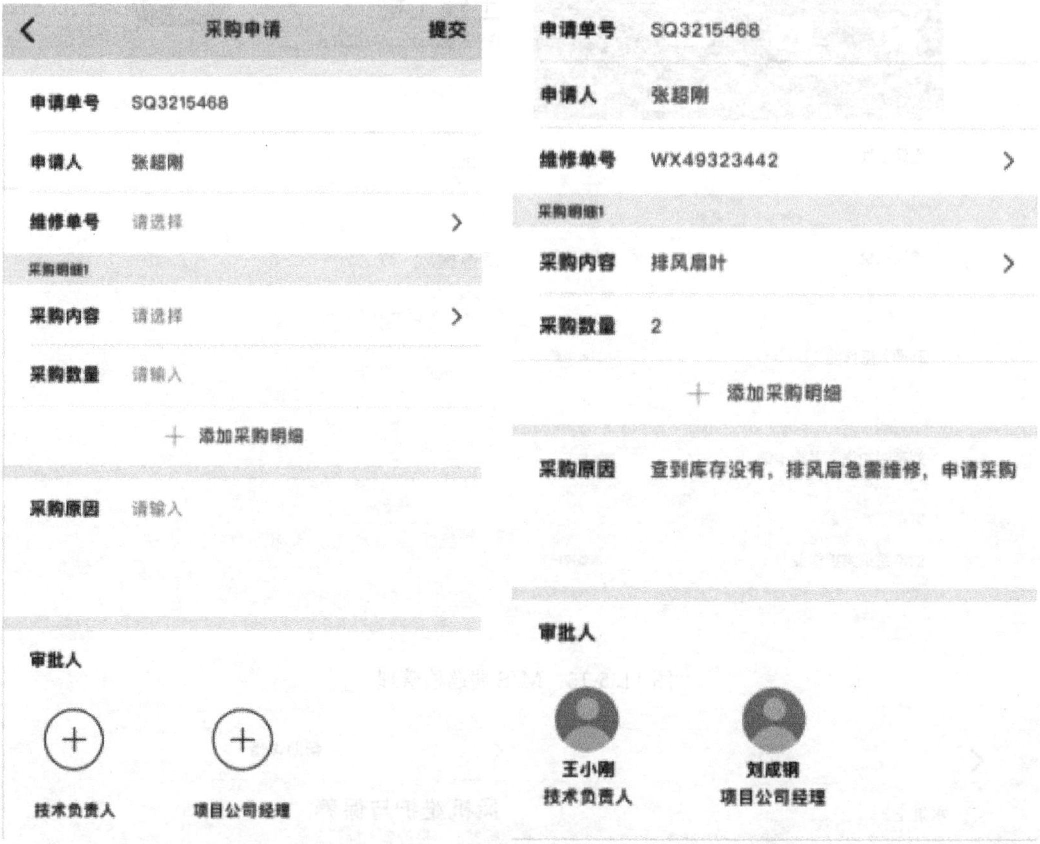

图 11.5-17 M/S 端备品备件管理

(a) 采购申请；(b) 申请审批

11.6 网络及数据安全

11.6.1 网络安全

为应对综合管廊网络安全存在的威胁，应采取相关措施，对管廊的网络安全进行保障，主要包括网络物理安全、网络架构及软件系统安全。

1. 网络物理安全

网络的物理安全是整个网络系统安全的前提。在管廊网络工程建设中，由于网络系统属于弱电工程，耐压值很低。因此，在网络工程的设计和施工中，必须优先考虑保护人和网络设备不受电、火灾和雷击的侵害；其次需考虑布线系统与照明电线、动力电线、通信线路、暖气管道及冷热空气管道之间的距离；考虑布线系统和绝缘线、裸体线以及接地与焊接的安全；必须建设防雷系统，防雷系统不仅考虑建筑物防雷，还必须考虑计算机及其他弱电耐压设备的防雷。

2. 网络架构

网络拓扑结构设计也直接影响到网络系统的安全性。如管廊内部网络和外部网络进行通信时，内部网络的机器安全就会受到威胁。因此，在网络设计应采用防火墙将公开服务器（WEB、DNS、EMAIL 等）和外网及内部其他业务网络进行必要的隔离。在网络中采用入侵检测系统，实时检测网络流量，监控外部用户的网络行为，并对违反安全策略的流量和访问进行及时报警，实现对潜在的非法攻击、探测等可疑行为进行监控，必要时给予报警，以提醒安全管理人员，来保障业务的稳定运行。在网络中部署防病毒软件，网防病毒软件侧重于网络自身病毒（网络访问中的），当处于网络访问环节时，病毒出现后，网络防病毒软件一经检测到，便会自动对其进行删除；而单机防病毒软件是对不处于本地工作的两个系统之间信息传送的分析，对存在的病毒进行检测，进而针对恶意病毒予以清除。安装具有高效性和便捷性防病毒软件，并与其他防范措施相结合，才可达到对网络层层保护目的。

3. 软件系统安全

软件的安全包括系统软件和应用软件的安全两个层面，其中系统软件应选用尽可能可靠的操作系统，并对操作系统进行安全配置。加强登录过程的认证（特别是在到达服务器主机之前的认证），确保用户的合法性；其次应该严格限制登录者的操作权限，将其完成的操作限制在最小的范围内。应用软件的安全主要考虑尽可能建立安全的系统平台，而且通过专业的安全工具不断发现漏洞，修补漏洞，提高系统的安全性。

11.6.2　数据安全

1. 数据加密

为保证数据在网络传输过程中不会被截获并被解析其中的内容而引起信息泄露。统一管理平台中各类数据传输都要求对数据加密之后进行传输。所有的业务全部采用同一种的密钥，密钥的发布由服务端（总监控调度指挥中心平台）来发布，由客户端（智能分控中心平台）获取。

2. 数据存储

为满足大容量数据存储和快速响应的需要，保障数据的安全性和一致性，需要建立集中、高效、高可扩展的存储系统，实现系统在不间断运行情况下的数据保存和意外情况下的数据恢复。

3. 数据备份

为保证系统可靠稳定运行，保障用户的数据安全，需要对系统运行时形成的重要数据文件进行数据备份，实现用户数据的快速恢复。

附录：相关管理流程和管理制度

（一）管廊安全事故处理制度

第一章　总则

为加强管廊安全事故报告和调查处理，防止和减少生产安全事故，根据《安全生产法》和《生产安全事故报告和调查处理条例》等法律法规，结合实际，特制定本管理制度。

第二章　安全事故划分

第一条　生产安全事故定义

生产安全事故是指在生产经营领域中发生的意外的突发事故，通常会造成人员伤亡或财产损失，使正常生产经营活动中断的事件。

第二条　事故等级划分

根据安全事故造成的人员伤亡或者直接经济损失，事故一般分为以下五个等级：

一、特大安全事故，是指造成30人以上死亡，或者100人以上重伤，或者1亿元以上直接经济损失的事故；

二、重大安全事故，是指造成10人以上30人以下死亡，或者50人以上100人以下重伤，或者5000万元以上1亿元以下直接经济损失的事故；

三、较大安全事故，是指造成3人以上10人以下死亡，或者10人以上50人以下重伤，或者1000万元以上5000万元以下直接经济损失的事故；

四、一般安全事故，是指造成3人以下死亡，或者10人以下重伤，或者1000万元以下直接经济损失的事故；

五、轻伤事故：构不成重伤、死亡的人身伤害事故。

第三章　安全事故报告

第三条　事故报告

一、报告程序：

发生安全事故，最先发现者应立即向公司安全部门报告，一般及以上等级事故必须报告到总经理。

情况紧急时，事故现场有关人员可以直接向当地安全监督管理局和有关部门报告。

事故报告后出现新情况的，应当及时补报。自事故发生之日起30日内，事故造成的伤亡人数发生变化的，应当及时补报。

二、事故报告应当包括下列内容：

1.事故发生的时间、地点以及事故现场情况；

2.事故的简要经过；

3.事故已经造成或者可能造成的伤亡人数（包括下落不明的人数）和初步估计的直接经济损失；

4.已经采取的措施；

5.其他应当报告的情况。

第四章 安全事故处理

第四条 事故的救援

一、接到事故报告的安全负责人及总经理，在进行事故逐级上报的同时，应采取有效措施，或立即启动事故相应的应急预案，组织抢险救援，防止事故扩大和财产损失。

二、发生人身伤害事故，现场人员应立即采取有效措施，杜绝继发事故，防止事故扩大，并立即将受伤或中毒人员用适当的方法和器具搬运出危险地带，并根据具体情况施行急救措施。在医务人员未赶到现场前，现场人员不得停止对伤害人员的抢救和护理。

三、事故发生后，要妥善保护事故现场和相关证据，因抢救人员、防止事故扩大以及疏散交通等原因，需要移动事故现场物件的，要做出标志，绘制简图并做出书面记录。

第五条 事故调查处理

在事故调查处理中要坚持实事求是、尊重科学的原则，要严格按照“四不放过”的原则进行处理，追究相关人员责任。

一、发生一般及以上等级事故，按照《生产安全事故报告和调查处理条例》的规定由相应级别政府组织调查，公司有关领导、部门以及事故发生单位要做好积极配合工作，对事故按照“四不放过”（事故原因不查清不放过、责任人员未处理不放过、整改措施未落实不放过、有关人员未受到教育不放过）的原则进行处理。

二、发生轻伤事故，由分管安全的副总经理负责组织调查。调查组由公司有关领导、安全部门、事故部门以及有关部门人员组成。

三、事故调查的成员要求：应当具备事故调查所需的知识和专长，并与所调查的事故没有直接利害关系。

四、调查组职责有：查明事故经过、原因、人员伤害情况、直接经济损失，认定事故性质和事故责任，提出对责任者的处理意见，总结教训，提出防范和整改措施等。

五、在追究责任时要分清直接责任和领导责任，责任分析要严格按照以下步骤：

1.事故调查确认的事实。

2.有关组织管理及生产技术因素，追究最初造成不安全状态的责任。

3.有关技术规定的性质、技术难度，追究属于明显违反技术规定的责任，不追究属于未知领域的责任。

4.事故后果和应负的责任以及认识态度提出处理意见。

第六条 事故损失的计算

一、事故直接损失包括原材料损失、成品（半成品）损失和设备损失，原材料和成品（半成品）损失按市场销售价格计算，或按其实际成本计算。

二、产量损失是从事故发生时起至恢复正常生产时止，按日计划产量计算的总损失量。

三、事故损失总金额为直接损失费与产量损失费之和。

第七条　处罚

一、发生一般及以上等级事故，无论何时，事故部门必须于10分钟内将事故报告给公司安全部门和总经理。轻伤事故要先口头报告，并且在15小时内将书面报告报公司安全部门，违反此规定处相关责任人500元罚款。

二、事故报告要真实、及时，不得迟报、漏报、瞒报。违反此规定处相关责任人1000元罚款。

（二）管廊安全责任制度

第一章　总则

第一条　为了认真贯彻“安全第一、预防为主”的安全生产方针，明确各级领导、管理人员和各部门的安全生产责任，特制定本制度。

第二章　各级管理人员（部门）安全责任

第二条　总经理

1.建立、健全公司安全生产责任制；

2.组织制定公司安全生产规章制度和操作规程；

3.组织制定并实施公司的安全生产工作，及时消除生产安全事故隐患；

4.组织制定并实施公司的生产安全事故应急救援预案；

5.发生较大安全事故以上伤亡事故后，要亲临事故现场，指挥事故的调查处理工作，监督防范措施的制定落实，预防事故重复发生；

6.及时、如实报告生产安全事故。

第三条　副总经理

1.对公司安全生产工作负直接领导责任，协助总经理认真贯彻执行安全生产方针、政策、法规，落实公司各项安全生产管理制度；

2.领导组织公司的安全生产宣传教育工作，确定安全生产考核指标；

3.领导组织公司定期和不定期的安全生产检查，及时解决施工中的不安全生产问题；

4.领导公司安全生产部门开展工作，召开安全生产例会，研究公司安全生产状况和对策，确定公司安全生产工作重点；

5.每季度组织开展安全生产检查，主持各级负责人的安全生产培训教育和考核工作，组织开展公司安全生产宣传活动；

6.发生一般安全事故以上伤亡事故后，要亲临事故现场，指挥事故的调查处理工作，监督防范措施的制定落实，预防事故重复发生。

第四条　安全部门

1.积极贯彻和宣传上级的各项安全规章制度，并监督检查公司范围内责任制的执行情况；

2.制定定期安全工作计划和方针目标，并负责贯彻实施；

3.协助领导组织安全活动和检查；

4.制定或修改安全生产管理制度，负责审查公司内部的安全操作流程，并对执行情况进行监督检查；

5.对广大职工进行安全教育，参加特种作业人员的培训、考核；

6.监督进入现场的单位或个人是否符合安全管理规定，发现问题立刻改正。

7.安全生产检查中，遇有发现重大事故隐患或违章指挥、违章作业时，有权制止违章，停止施工作业。遇有重大险情时，有权指挥危险区域内的人员撤离现场，并及时向上级报告。

8. 参加伤亡事故的调查，进行事故统计、分析，按规定及时上报，对伤亡事故和未遂事故的责任者提出处理意见。

第五条　技术部门

1. 认真学习、贯彻执行国家和上级有关安全技术及安全操作规程规定，保障施工生产中的安全技术措施的制定与实施；

2. 对新技术、新材料、新工艺、必须制定相应的安全技术措施和安全操作规程。

第六条　维护部门

1. 认真执行安全生产规章制度及安全操作规程；

2. 组织班组人员学习安全操作规程，监督班组人员正确使用个人劳保用品，不断提高自我保护能力；

3. 认真落实安全技术交底，做好班前讲话，不违章指挥、冒险蛮干，进现场戴好安全帽，高空作业系好安全带；

4. 经常检查班组作业现场安全生产状况，发现问题及时解决并上报有关领导。

第七条　财务部门

1. 根据公司实际情况及安全技术措施经费的需要，按计划及时提取安全技术措施经费，劳动保护经费及其他安全生产所需经费，保证专款专用。

2. 按照公司对劳动保护用品的有关标准和规定，负责审查购置劳动保护用品的合法性，保证其符合标准。

3. 协助安全主管部门办理安全奖罚款的手续。

（三）管廊消防保卫管理制度

第一条 为加强管廊消防保卫管理，确保管廊安全运营，特制定本制度。

第二条 严格执行国家及地方有关法律、规定，实行治安、防火责任制。运行管理部全面负责管廊治安保卫防火工作，设专人进行检查。

第三条 所有人员必须遵纪守法、遵守国家的各种防火规定，做到预防为主、防消结合。

第四条 现场配备相应齐全的有效设施和消防器材。消防器材周围 3m 之内不准圈地他用，重点部位、易燃易爆物品要有针对性的存放、使用安全措施。

第五条 宿舍、吸烟室必须备水盆，将烟头放在水盆中，烟头不得乱丢乱扔。不准卧床吸烟以免点燃衣物被褥等。不准私拉乱接电线，不得在电线上挂放衣物，不准使用电热器具烧饭、烧水或取暖。

第六条 冬季取暖火炉要按规定安装通风斗，并有专人看护。炉渣用水浇灭后倒在指定地点，防止火灾事故。

第七条 施工现场严禁吸烟，动用明火需经有关部门负责人严格按照审批后并设专人看火，备齐消防器材方可作业。

第八条 切实做好防盗、防火、防破坏、防其他灾害等工作。职工从现场携物、运料外出要有出入证明，并经保卫人员验证后方可出门。

第九条 做好现场重点部位的保卫工作，配备充足的警卫人员昼夜巡视，发现隐患及时汇报处理。

第十条 发现有刑事犯罪嫌疑人员，立刻向公安保卫部门报告。不得雇佣童工、精神病患者、呆傻人员及来历不明的闲散人员。

第十一条 现场发生刑事案件、治安案件及火灾灾害事故，及时向上级保卫部门和当地派出所报告，积极配合有关执法部门搞好治安管理工作。

第十二条 现场治安、消防、保卫安全检查必须制度化、经常化，不留死角，做到防患于未然。

第十三条 所有人员要自觉遵守现场消防保卫管理规章制度，加强相互监督，共同搞好安全消防保卫工作。

第十四条 报警电话：火警 119，匪警 110。

（四）管廊动火作业管理制度

第一章 总则

第一条 为加强管廊内动火作业安全管理，制定并落实动火作业安全防范措施，特制定本制度。

第二章 动火作业分级

第二条 动火作业分级

动火作业分为特殊动火作业、一级动火作业和二级动火作业。遇节日、假日或其他特殊情况，动火作业应升级管理：

一、特殊动火作业，在生产运行状态下的易燃易爆生产装置、输送管道、储罐、容器等部位上及可燃气体储罐的围堰内或其他特殊危险场所进行的动火作业。

二、一级动火作业，在易燃易爆场所进行的除特殊动火作业以外的动火作业。

三、二级动火作业，除特殊动火作业和一级动火作业以外的禁火区的动火作业。

第三章 动火作业安全防火要求

第三条 一、二级动火作业安全防火要求

一、动火应有专人监火。作业前应清除动火现场及周围的易燃易爆物品，或采取其他有效的安全防火措施，并配备消防器材，满足现场应急需求。

二、拆除管线进行动火作业时，应先查明其内部介质及其走向，并根据所要拆除管线的情况制订相应的安全防火措施。

三、在有可燃物构件和使用可燃物做防腐内衬的设备内部进行动火作业时，应采取防火隔离措施。

四、在生产、使用、储存氧气的设备上进行动火作业时，设备内氧含量不应超过23.5%。

五、动火期间在距动火点30m内不应排放可燃气体；距动火点15m内不应排放可燃液体；在动火点10m范围内及动火点下方不应同时进行可燃溶剂清洗或喷漆等作业。

六、使用气焊、气割动火作业时，乙炔瓶应直立放置，氧气瓶与之间距不应小于5m，二者与作业地点间距不应小于10m，并应设置防倾倒、防晒设施。

七、作业完毕应清理现场，确认无残留火种后方可离开。

第四条 特殊危险动火作业的安全防火要求

特殊危险动火作业在符合一级和二级动火作业安全防火要求的同时，还须符合以下规定。

（一）在生产不稳定设备、管道等腐蚀严重的情况下不应进行带压不置换动火作业。

（二）应先制作作业安全方案，落实安全防火措施。必要时可请专职消防队到现场

监护。

（三）动火前应预先通知相关单位部门，使之在异常情况下能及时采取相应的应急措施。

（四）应在正压条件下进行作业。

（五）动火作业现场的通排风要良好，以保证泄露的气体能顺畅排走。

第四章　岗位职责

第五条　动火作业负责人职责

（一）负责办理《动火安全作业证》并对动火作业负全面责任。

（二）必须在动火作业前详细了解作业内容和动火部位及周围情况，参与动火安全措施的制订、落实，向作业人员交代作业任务和防火安全注意事项。

（三）作业完成后，组织检查现场，确认无遗留火种后方可离开现场。

第六条　动火人职责

（一）应参与风险危害因素辨识和安全措施的制定。

（二）必须持有特殊工种作业证，并在《动火安全作业证》上签字。

（三）动火人接到《动火安全作业证》后，要核对证上各项内容是否落实，审批手续是否完备。

（四）应确认动火地点和时间。

（五）若发现不具备条件时，有权拒绝动火，并向单位主管安全部门报告。

（六）动火人必须随身携带《动火安全作业证》，严禁无证作业及审批手续不完备的动火作业。

（七）动火前（包括动火停歇前期超过 30 分钟再次动火），动火人应该主动向动火点所在部门值班管理人员呈验《动火安全作业证》，应重新取样分析，经其签字后方可进行动火作业。

第七条　监火人职责

（一）监火人应指定责任心强、有经验、熟悉现场、掌握消防知识的人员担任。新项目施工动火，由施工单位指派监火人。

（二）监火人所在位置应便于观察动火和火花溅落，必要时可增设监火人。

（三）监火人负责动火现场的监护与检查，随时扑灭动火飞溅的火花，发现异常情况应立刻通知动火人停止动火作业，及时联系有关人员采取措施。

（四）应坚守岗位，不准脱岗；在动火期间，不准兼做其他工作。

（五）当发现动火人违章作业时应立刻制止。

（六）在动火作业完成后，应会同有关人员清理现场，清除残火，确认无遗留火种后方可离开现场。

第八条　动火分析人职责

动火分析人对动火分析方法与分析结果负责。应根据相关部门的要求，亲自到现场取样分析，在《动火安全作业证》上填写取样时间和分析数据并签字。不得用合格等字样代替分析数据。

第九条　动火作业审批人职责

动火作业审批人是动火作业安全措施落实情况的最终确认人，对自己的批准签字负责。

各级动火作业的审查批准人审批动火作业时必须亲自到现场，了解动火部位及周围情况，确定是否需作动火分析，审查并明确动火等级，检查、完善防火安全措施，审查《动火安全作业证》的办理是否符合要求。在确认准确无误后，方可签字批准动火作业。

第五章 《动火安全作业证》的管理

第十条 《动火安全作业证》由申请动火单位或部门指定动火负责人办理。办证人须按《动火安全作业证》的项目逐项填写，不得空项；然后根据动火等级，按规定的审批权限办理审批手续。

动火负责人持办理好的《动火安全作业证》到现场，检查动火作业安全措施落实情况，确认安全措施可靠并向动火人和监火人交代安全注意事项后，将《动火安全作业证》交给动火人。

一份《动火安全作业证》只准在一个动火点使用。如果在同一动火点多人同时动火作业，可使用一份《动火安全作业证》，但参加动火作业的所有动火人应分别在《动火安全作业证》上签字。

《动火安全作业证》不准转让、涂改、不准异地使用或扩大使用范围。

《动火安全作业证》一式两份，终审批准人和动火人各持一份存查；特殊危险《动火安全作业证》由主管安全防火部门存查。

第十一条 《动火安全作业证》的审批

特殊危险动火作业的《动火安全作业证》由动火地点所在部门负责人初审签字，经主管安全的部门复检签字后，报公司总经理终审批准。

一级动火作业的《动火安全作业证》由动火地点所在部门负责人初审签字后，报主管安全部门复核签字后，报公司主管安全领导终审批准。

二级动火作业的《动火安全作业证》由动火地点所在部门的负责人初审签字，报主管安全部门终审批准。

第十二条 《动火安全作业证》的有效期限

特殊危险动火作业的《动火安全作业证》和一级动火作业的《动火安全作业证》的有效期为 8 小时。

二级动火作业的《动火安全作业证》的有效期为 72 小时，每日动火前应进行动火分析。

动火作业超过有效期限，应重新办理《动火安全作业证》。

附件 1：动火作业申请表。

附件 2：动火安全作业证。

附件 1

动火作业申请表

<table>
<tr><td>表格编号</td><td colspan="2"></td><td>申请作业单位</td><td></td></tr>
<tr><td>作业项目</td><td colspan="4"></td></tr>
<tr><td>作业路段</td><td colspan="2"></td><td>动火等级</td><td>□特级　□一级　□二级</td></tr>
<tr><td>动火地点</td><td colspan="2"></td><td>动火负责人</td><td></td></tr>
<tr><td>动火作业人</td><td colspan="2"></td><td>监护人</td><td></td></tr>
<tr><td colspan="5">作业内容描述：</td></tr>
<tr><td colspan="5">有效期：从　年　月　日　时　分　到　年　月　日　时　分</td></tr>
<tr><td colspan="5">动火作业类型：□焊接　□气割　□切削　□燃烧　□明火　□研磨　□打磨　□钻孔　□破碎　□锤击　□使用内燃发动机设备　□使用非防爆的电气设备　□其他特种作业　□其他</td></tr>
<tr><td colspan="5">可能产生的危害：□爆炸　□火灾　□灼伤　□烫伤　□机械伤害　□中毒　□辐射　□触电　□泄漏　□窒息　□坠落　□落物　□掩埋　□噪声　□其他</td></tr>
<tr><td>序号</td><td colspan="3">安全措施</td><td>确认人</td></tr>
<tr><td>1</td><td colspan="3">作业前安全教育，对作业人员进行安全告知、技术交底
教育人：　受教育人：</td><td></td></tr>
<tr><td>2</td><td colspan="3">监护人（　）已到位</td><td></td></tr>
<tr><td>3</td><td colspan="3">动火点周围水井、地沟、电缆沟等已清除易燃物，并已采取覆盖、铺沙等方式进行隔离</td><td></td></tr>
<tr><td>4</td><td colspan="3">个人防护用品配备齐全</td><td></td></tr>
<tr><td>5</td><td colspan="3">已采取防火花飞溅措施</td><td></td></tr>
<tr><td>6</td><td colspan="3">动火点周围易燃物已清除</td><td></td></tr>
<tr><td>7</td><td colspan="3">电焊回路线已接在焊件上，把线未穿过下水井或其他设备搭接</td><td></td></tr>
<tr><td>8</td><td colspan="3">乙炔气瓶（直立放置）与氧气瓶间距大于 5m，配有防倾倒装置，气瓶与火源间距大于 10m</td><td></td></tr>
<tr><td>9</td><td colspan="3">现场配备消防蒸汽带（　）根，灭火器（　）台，铁锹（　）把，石棉布（　）块</td><td></td></tr>
<tr><td>10</td><td colspan="3">其他安全措施：
编制人：</td><td></td></tr>
<tr><td rowspan="4">审
批</td><td colspan="4">动火作业单位负责人：
（盖章）
年　月　日　时　分</td></tr>
<tr><td colspan="4">监护人：　年　月　日　时　分</td></tr>
<tr><td colspan="4">运营部门：　年　月　日　时　分</td></tr>
<tr><td colspan="4">管廊管理公司：　年　月　日　时　分</td></tr>
<tr><td>完工
验收</td><td colspan="4">动火作业结束，检查确认无残留火源和隐患，灭火器放置原位，现场环境已清理，关闭作业。
运营部门：　年　月　日　时　分</td></tr>
</table>

注：1. 动火作业人和监护人可填多个。

2. 动火作业人的特种作业证复印件附后。

附件 2

动火安全作业证

<table>
<tr><td>编号</td><td></td><td>申请单位</td><td></td><td>申请人</td><td></td></tr>
<tr><td>动火装置,实
施部位及内容</td><td colspan="5"></td></tr>
<tr><td>动火人</td><td colspan="2"></td><td>监护人</td><td colspan="2"></td></tr>
<tr><td>动火时间</td><td colspan="5">年 月 日 时 分至 年 月 日 时 分</td></tr>
<tr><td>序号</td><td colspan="4">用火主要安全措施</td><td>确认签字</td></tr>
<tr><td>1</td><td colspan="4">用火设备内部构件清理干净,吹扫置换或清洗合格,达到用火条件</td><td></td></tr>
<tr><td>2</td><td colspan="4">用火点周围(最小半径 15m)已清除易燃物,并已采取覆盖、铺沙、水封等手段进行隔离</td><td></td></tr>
<tr><td>3</td><td colspan="4">高处作业应采取防火花飞溅措施</td><td></td></tr>
<tr><td>4</td><td colspan="4">电焊回路线应接在焊件上,把线不得穿过下水井或与其他设备搭接</td><td></td></tr>
<tr><td>5</td><td colspan="4">乙炔气瓶(禁止卧放)、氧气瓶与火源间的距离不得少于 10m</td><td></td></tr>
<tr><td>6</td><td colspan="4">现场配备消防蒸汽带(　　)根,灭火器(　　)台,铁锹(　　)把,防火布(　　)块</td><td></td></tr>
<tr><td>7</td><td colspan="4">其他安全措施</td><td></td></tr>
<tr><td colspan="6">危险、有害因素识别:</td></tr>
<tr><td colspan="2">申请单位:

（盖章）
年 月 日</td><td colspan="2">运营部门审批意见:

年 月 日</td><td colspan="2">现场巡检人员确认:

年 月 日</td></tr>
<tr><td colspan="6">完工确认:　　年 月 日 时 分动火作业结束,检查确认无残留火源和隐患,灭火器放置原位,现场环境已清理,关闭作业。

监护人:　　　年 月 日 时 分</td></tr>
</table>

注：1. 每一个动火点需要单独办理作业票，每日施工完成后由监护人确认现场无安全隐患后方可离场。

2. 本票一式两份，一份留运营部门存档，一份现场动火人随身携带。

3. 本票过期作废。

（五）管廊安全教育制度

第一条 为加强公司安全生产管理，完善和规范安全生产培训教育工作，提高从业人员安全素质，防范伤亡事故，减轻职业危害，特制定本制度。

第二条 安全教育的对象

公司主要负责人、主管安全生产的领导、各级专职安全人员、特种作业人员和其他从业人员。

未经安全生产培训合格的从业人员，不得上岗作业。

第三条 安全生产教育培训以有关安全生产规章制度和安全操作规程、必要的安全生产知识、本岗位的安全操作技能等为主要内容，增强预防事故、控制职业危害和应急处理的能力。

一、公司主要负责人、主管安全生产的领导安全培训应当包括下列内容：

1.国家安全生产方针、政策和有关安全生产的法律、法规、规章及标准；

2.安全生产管理基本知识、安全生产技术、安全生产专业知识；

3.重大危险源管理、重大事故防范、应急管理和救援组织以及事故调查处理的有关规定；

4.职业危害及其预防措施；

5.国内外先进的安全生产管理经验；

6.典型事故和应急救援案例分析；

7.其他需要培训的内容。

二、安全生产管理人员安全培训应当包括下列内容：

1.国家安全生产方针、政策和有关安全生产的法律、法规、规章及标准；

2.安全生产管理、安全生产技术、职业卫生等知识；

3.伤亡事故统计、报告及职业危害的调查处理方法；

4.应急管理、应急预案编制以及应急处置的内容和要求；

5.国内外先进的安全生产管理经验；

6.典型事故和应急救援案例分析；

7.其他需要培训的内容。

三、特种作业人员和其他从业人员安全培训应当包括下列内容：

1.安全技能教育：

包括本岗位使用的设备、安全防护装置的构造、性能、作用、实际操作技能；处理意外事故能力和紧急自救、互救技能；使用劳动防护用品、用具的技能等。

2.安全知识教育：

包括本企业一般生产技术知识、一般安全技术知识和专业安全技术知识。

3.安全法规教育：

包括国家安全生产法律、行业安全生产法规和企业安全生产规章。

4.安全思想教育：

包括思想教育、纪律教育。

第四条 企业安全生产教育培训应包括：

一、新职工三级安全生产教育

新职工都必须进行公司、项目工程现场和班组的三级安全生产教育。经考试合格后，才准许进入生产岗位。

1.公司级岗前安全培训内容应当包括：本单位安全生产情况及安全生产基本知识，安全生产规章制度和劳动纪律，从业人员安全生产权利和义务，有关事故案例等。

2.工程项目级岗前安全培训内容应当包括：工作环境及危险因素，所从事工种可能遭受的职业伤害和伤亡事故，所从事工种的安全职责、操作技能及强制性标准，自救互救、急救方法、疏散和现场紧急情况的处理，安全设备设施、个人防护用品的使用和维护，本工程安全生产状况及规章制度，预防事故和职业危害的措施及应注意的安全事项，有关事故案例，其他需要培训的内容。

3.班组级岗前安全培训内容应当包括：岗位安全操作规程，岗位之间工作衔接配合的安全与职业卫生事项，有关事故案例，其他需要培训的内容。

二、特殊工种教育

根据《特种作业人员安全技术考核管理规则》规定，电工作业、压力容器操作、起重机械作业、爆破作业、金属焊接（气割）作业、建筑登高架设作业等特种作业必须进行专门培训，考试合格后持证上岗。

三、经常性安全教育

经常性安全教育采用多种多样形式进行。如：安全日、安全周、安全月、百日无事故活动等专项安全活动等定期安全教育，观看安全宣传栏、安全录像和图片展等日常宣传形式。

第五条 公司安全部门负责对公司安全培训情况进行监督检查，督促按照国家有关法律法规和本规定开展安全培训工作。

（六）管廊安全管理领导责任处理制度

第一条 为落实管廊安全生产责任制，提高各级领导和相关部门安全工作责任，落实生产安全事故的责任追究，防止和减少生产安全事故，依据国务院《生产安全事故报告和调查处理条例》，制定本制度。

第二条 安全生产事故定义

生产安全事故是指在生产经营领域中发生的意外的突发事故，通常会造成人员伤亡或财产损失，使正常生产经营活动中断的事件。

第三条 安全生产事故分级

根据生产安全事故造成的人员伤亡或者直接经济损失，事故一般可分为以下四个等级：

特别重大事故，是指造成30人以上死亡，或100人以上重伤，或1亿元以上直接经济损失的事故；

重大事故，是指造成10人以上30人以下死亡，或50人以上100人以下重伤，或5000万元以上1亿元以下直接经济损失的事故；

较大事故，是指造成3人以上10人以下死亡，或10人以上50人以下重伤，或1000万元以上5000万元以下直接经济损失的事故；

一般事故，是指造成3人以下死亡，或10人以下重伤，或1000万元以下直接经济损失的事故。

第四条 凡发生以上四类事故，对负有事故责任的，根据事故调查情况，依据本制度规定，追究责任，实施经济处罚。对负有事故责任的人员，构成违反治安管理行为的，由公安机关依法给予治安管理处罚，构成犯罪的，依法追究刑事责任。

第五条 全体职工必须认真履行岗位安全职责，落实各项安全防范措施，确保安全生产。

第六条 发生上述四类责任事故，由安全生产监督管理部门和负有安全生产监督管理职责的部门组成事故联合调查小组，组织本公司安全、技术、设备等相关人员配合，开展事故调查分析，认定事故责任。

第七条 事故责任认定依据国家《生产安全事故调查处理条例》、地方政府有关安全生产法规、公司安全管理制度。

第八条 分管安全的副总经理对安全生产负直接领导责任。

在事故发生后经查实，有下列情况之一并与事故有直接因果关系的，即可认定负有直接领导责任，处以2000～5000元罚款。

1.日常安全管理工作无计划、无方案、无措施，安全管理松懈的。

2.未定期组织安全检查或对隐患整改未尽到应尽职责而导致事故发生的。

3.安全工作计划未能实施和落实的。

4.未按“四不放过”原则处理事故导致重复事故发生的。

5.安全管理网络、管理制度不健全、不完善，安全管理上存在盲点、盲区或漏洞的。

6.对违反安全管理制度和安全操作规程的管廊作业未及时制止，未对相关人员和单位采取惩罚措施的。

7.未认真履行公司规定和本安全管理规定的。

8.对安全教育培训计划未认真执行，对重大事故隐患整改未跟踪检查导致事故发生的。

第九条 安全部门负责人是安全生产的第一责任人。

在发生事故后经查实，有下列情况之一并与事故有直接因果关系的，即可认定负有管理和法律责任，处以1000～2000元罚款。

1.安全方案违反国家安全生产方针、政策、法律、法规，安全管理制度和安全管理操作规程不健全、不完善或无安全技术措施、无重大事故预防监控措施、无事故应急救援预案的。

2.单位安全生产管理组织机构不健全，安全管理人员配备不足，安全生产领导小组工作、活动不正常，管理松懈。

3.不贯彻执行国家有关规定，无安全生产资金投入或投入不足，无法满足管廊安全需要，安全设施严重缺乏的。

4.安全生产责任不分解，安全责任不落实，安全否决权未确立的。

5.对存在的事故隐患没有采取措施整改，没有提供整改资金保证而导致事故发生的。

6.未制定安全教育工作计划，未对员工实施安全教育，未对人员办理危险作业意外伤害保险的。

7.未按照国家规定，向作业人员提供劳动保护用品和用具，导致事故发生或使事故后果变重的。

8.未认真贯彻执行城市政府主管部门安全管理规定和公司安全管理制度，未履行安全管理职责的。

第十条 安全员对安全生产负有直接管理责任。

在事故发生后经查实，有下列情况之一并与事故有直接因果关系的，即可认定负有管理责任，处以500～1000元罚款。

1.未认真执行公司安全教育培训制度对员工实施安全培训教育的。

2.未按照安全技术交底制度对开展安全技术交底的。

3.对安全技术措施和专项安全方案未认真实施现场监督导致事故发生的。

4.对发现的事故隐患和违章操作未及时整改和制止导致事故发生。

5.未认真执行安全生产例会，及时贯彻落实公司安全管理各项规定的。

6.未及时落实安全管理措施和各种安全防范措施导致事故发生的。

7.未认真贯彻落实安全检查制度，开展安全检查，及时发现隐患，落实整改措施的。

第十一条 岗位职工是各岗位的安全责任人。

在事故发生后经查实，有下列情况之一并与事故有直接因果关系的，即可认定负有直接责任。处以100～500元罚款。

1.未贯彻执行安全管理规章制度的。

2.未执行本岗位、本工种安全技术操作规程和设备操作规程，导致事故发生的。

3.违反劳动纪律、违章操作、违规作业导致事故发生的。

4.不服从各级安全管理人员管理导致事故发生的。

5.不执行安全技术交底规定，导致事故发生的。

6.不正确使用劳动防护用具，导致事故发生或加重事故后果的。

（七）管廊日常巡检管理制度

第一章　总则

第一条　为加强管廊规范巡检内容、路线及巡检人员的行为，及时巡检发现和处理管廊及周围存在的隐患和不安全行为，达到“早发现、早沟通、早预防、早处理”的目的，确保生产系统安全运行，特制定本制度。

第二章　适用范围

第二条　本制度适用于公司运营的所有管廊的日常巡检管理。

第三章　巡检注意事项

第三条　进入管廊巡检人员必须携带专用的巡检设备。

第四条　巡检前专职安全员需检查巡检人员的工作服、安全帽、绝缘劳保鞋是否穿戴整齐；必须携带的工具是否完整，如：防爆手电筒、绝缘手套、听音棒、护目镜、检查工具、通信设备等。

第五条　巡检前禁止饮酒，巡检时禁止吸烟。

第六条　进行专项高空巡检时，巡检人数不得少于 4 人，必须正确佩戴安全带。

第四章　巡检分工职责

第七条　在管廊安全保护范围内是否有工程项目施工威胁管线及附属设施的安全。

第八条　一旦出现紧急情况，采取紧急措施，避免事故发生，安全撤离现场，同时向上级及主管部门汇报。

第九条　土建巡检，土建巡检内容参考附表 1 土建类，一周完成两次整段管廊的巡检，每次进入管廊巡检不得少于两人。

第十条　专业管线巡检内容参考附表 2，一周完成一次整段管廊的巡检，每次进入管廊巡检不得少于两人。

第十一条　电气、监控、消防类巡检内容参考附表 1 机电Ⅰ类，一周完成两次整段管廊的巡检，每次进入管廊巡检不得少于两人。

第十二条　排水、通风设备巡检内容参考附表 1 机电Ⅱ类，一周完成两次整段管廊的巡检，每次进入管廊巡检不得少于两人。

第十三条　将管廊内日常巡检内容和缺陷共分 A、B、C、D 四个等级：A 级为发现后立即上报监控中心，现场留守，监控中心立即派专业人员现场处理；B 级为发现后现场记录并做好标记，上报监控中心，监控中心根据缺陷的种类安排分批次集中处理；C 级为发现后现场记录并做好标记，上报监控中心，监控中心安排巡检人员定时观察缺陷的发展情况；D 级为发现后巡检人员现场处理。

土建及附属设备缺陷故障及处理方式详见附表 1。

入廊管线巡检缺陷故障及处理方式详见附表 2。

土建及附属设备巡检故障缺陷种类故障表 附表1

序号	缺陷种类	缺陷项目	缺陷级别	处理方式	备注
1	土建类	结构裂缝	C	现场标记并上报监控中心，定时观察，暂不修复	
2	土建类	结构渗漏水	B	现场标记并上报监控中心，监控中心安排定期修复	
3	土建类	伸缩缝渗漏水	B	现场标记并上报监控中心，监控中心安排定期修复	
4	土建类	结构沉降	B	现场标记并上报监控中心，监控中心安排定期修复	
5	土建类	管线止水钢板漏水	B	现场标记并上报监控中心，监控中心安排定期修复	
6	土建类	人员出入口门被损坏	A	上报监控中心，现场留人看守，监控中心立即安排人员前往修复	
7	土建类	逃生口上方有覆盖物、液压井盖有缝隙或打不开	A	上报监控中心，现场留人看守，监控中心立即安排人员前往修复	
8	土建类	吊装口上方有覆盖物、吊装口覆盖钢板有被移动的痕迹	A	上报监控中心，现场留人看守，监控中心立即安排人员前往修复	
9	土建类	进排风口上方有覆盖物、吊装口覆盖钢板有被移动的痕迹	A	上报监控中心，现场留人看守，监控中心立即安排人员前往修复	
10	机电Ⅰ类	景观式箱变高压柜侧变压器温度探测器现场显示温度超高	A	上报监控中心，现场留人看守，监控中心立即联系供电局现场处理	
11	机电Ⅰ类	景观式箱变变压器基坑内严重	C	现场启动排水泵抽水，并检查排水系统是否通畅	
12	机电Ⅰ类	景观式箱变变压器、高压柜运营有异响有异味	A	上报监控中心，现场留人看守，监控中心立即联系供电局现场处理	
13	机电Ⅰ类	景观式箱变低压柜侧有异响、有异味	A	上报监控中心，现场留人看守，监控中心立即安排人员前往检查	
14	机电Ⅰ类	景观式箱变低压柜侧三项符合不平衡，三项电压不相同	C	记录数值，上报监控中心，定期观察	
15	机电Ⅰ类	景观式箱变直流屏信号灯异常	A	上报监控中心，现场留人看守，监控中心立即联系供电局现场处理	
16	机电Ⅰ类	景观式箱变电容补偿柜有异响、有异味，三项电流不平衡，功率因数表读数超过允许值。	A	上报监控中心，现场留人看守，监控中心立即联系供电局现场处理	
17	机电Ⅰ类	景观式箱变电缆高压侧外表皮有破损	A	上报监控中心，现场留人看守，监控中心立即联系供电局现场处理	

续表

序号	缺陷种类	缺陷项目	缺陷级别	处理方式	备注
18	机电Ⅰ类	景观式箱变低压侧电缆外表皮有破损	A	上报监控中心，现场留人看守，断开相应回路电源，监控中心立即安排专业维修人员前往修复	
19	机电Ⅰ类	动力配电箱主电源剩余电流报警	B	记录数值，上报监控中心，定期观察，统一检查修复	
20	机电Ⅰ类	配电箱、控制箱内有灰尘	D	现场清理	
21	机电Ⅰ类	配电箱、控制箱元器件引线接头松动	D	现场紧固，需要停电的上报监控中心	
22	机电Ⅰ类	配电箱、控制箱内元器件受损	A	上报监控中心，断电，现场留人看护，监控中心安排人处理	
23	机电Ⅰ类	配电箱、控制箱内动力电缆、控制电缆受损	A	上报监控中心，断电，现场留人看护，监控中心安排人处理	
24	机电Ⅰ类	配电箱、控制箱出线动力电缆、控制电缆受损	A	上报监控中心，断电，现场留人看护，监控中心安排人处理	
25	机电Ⅰ类	桥架、穿线管跨接地线受损	C	上报监控中心，直接更换	
26	机电Ⅰ类	断路器自动跳闸	A	上报监控中心，现场留人看守，监控中心立即安排人员前往修复	
27	机电Ⅰ类	双电源回路无法切换	A	上报监控中心，现场留人看守，监控中心安排人处理	
28	机电Ⅰ类	照明灯具受损	B	现场标记并上报监控中心，监控中心安排定期修复	
29	机电Ⅰ类	应急灯具受损	B	现场标记并上报监控中心，监控中心安排定期修复	
30	机电Ⅰ类	应急灯具断电后无法点亮	B	现场标记并上报监控中心，监控中心安排定期修复	
31	机电Ⅰ类	疏散灯具受损	B	现场标记并上报监控中心，监控中心安排定期修复	
32	机电Ⅰ类	防爆灯具受损	A	人员撤出燃气舱、上报监控中心，立即停电，监控中心安排人员立即修复	
33	机电Ⅰ类	照明系统控制中心显示异常	A	监控中心立即派人前往检查并处理	
34	机电Ⅱ类	风口处有异物堵塞	D	现场发现直接清理	
35	机电Ⅱ类	风口外观及固定件受损	B	现场标记并上报监控中心，监控中心安排定期修复	
36	机电Ⅱ类	风机运转有异响，有异动	A	立即停机，现场留人看守，上报监控中心，监控中心安排人员修复	
37	机电Ⅱ类	风阀无法正常开启、密闭	A	立即停机，现场留人看守，上报监控中心，监控中心安排人员修复	

续表

序号	缺陷种类	缺陷项目	缺陷级别	处理方式	备注
38	机电Ⅱ类	风机及风阀在控制中心显示异常	A	监控中心立即派人前往检查并处理	
39	机电Ⅱ类	现场手操箱手/自动操作故障	A	现场留人看守，上报监控中心，监控中心安排人员修复	
40	机电Ⅱ类	管道、阀门外表面有腐蚀	B	现场标记并上报监控中心，监控中心安排定期修复	
41	机电Ⅱ类	管道、阀门处渗水	B	现场标记并上报监控中心，监控中心安排定期修复	
42	机电Ⅱ类	管道、阀门处漏水	A	水泵停泵，现场留人看守，上报监控中心，监控中心安排人员修复	
43	机电Ⅱ类	排水管道有回水情况	A	水泵停泵，现场留人看守，上报监控中心，监控中心安排人员修复	
44	机电Ⅱ类	压力表受损	B	现场标记并上报监控中心，监控中心安排下次巡检时修复	
45	机电Ⅱ类	水泵连接软管松动	D	现场修复	
46	机电Ⅱ类	水泵软管破损	B	现场标记并上报监控中心，监控中心安排下次巡检时修复	
47	机电Ⅱ类	水泵运行时有异响，有异常	A	水泵停泵，现场留人看守，上报监控中心，监控中心安排人员修复	
48	机电Ⅱ类	现场手操箱手/自动操作故障	A	现场留人看守，上报监控中心，监控中心安排人员修复	
49	机电Ⅱ类	排水沟和集水坑内有杂物	D	现场清理	
50	机电Ⅱ类	液位计不能正常控制水泵启停	A	现场留人看守，上报监控中心，监控中心安排人员修复	
51	机电Ⅱ类	水泵或液位计控制中心异常	A	监控中心立即派人前往检查并处理	
52	机电Ⅰ类	EPS逆变器无故障报警	A	现场留人看守，上报监控中心，监控中心安排人员修复	
53	机电Ⅰ类	EPS控制中心显示异常	A	监控中心立即派人前往检查并处理	
54	机电Ⅰ类	防火门脱落，歪斜	B	现场标记并上报监控中心，监控中心安排定期修复	
55	机电Ⅰ类	防火封堵脱落，受损	B	现场标记并上报监控中心，监控中心安排定期修复	
56	机电Ⅰ类	超细干粉灭火装置控制中心显示异常	A	监控中心立即派人前往检查并处理	
57	机电Ⅰ类	超细干粉灭火器喷嘴处受损	A	现场留人看守，上报监控中心，监控中心安排人员修复	

续表

序号	缺陷种类	缺陷项目	缺陷级别	处理方式	备注
58	机电Ⅰ类	超细干粉灭火器控制器外观受损	A	现场留人看守，上报监控中心，监控中心安排人员修复	
59	机电Ⅰ类	超细干粉灭火器距离保质期还有1个月	B	监控中心安排分批次更换	
60	机电Ⅰ类	超细干粉灭火器压力异常	A	监控中心立即派人前往检查并处理	
61	机电Ⅰ类	手持灭火器安全栓受损	D	现场修复	
62	机电Ⅰ类	手持灭火器压力异常	B	现场标记并上报监控中心，监控中心安排定期更换	
63	机电Ⅰ类	手持灭火器距离保质期还有1个月	B	监控中心安排分批次更换	
64	机电Ⅰ类	火灾探测器、手动报警按钮外观受损	A	现场标记并上报监控中心，监控中心立即安排人员修复	
65	机电Ⅰ类	火灾探测器、手动报警按钮控制中心显示异常	A	监控中心立即派人前往检查并处理	
66	机电Ⅰ类	消防控制器外观受损	A	现场留人看守，上报监控中心，监控中心安排人员修复	
67	机电Ⅰ类	消防控制器控制中心显示异常	A	监控中心立即派人前往检查并处理	
68	机电Ⅰ类	可燃气体探测器外观受损	A	现场留人看守，上报监控中心，监控中心安排人员修复	
69	机电Ⅰ类	可燃气体探测器控制中心显示异常	A	监控中心立即派人前往检查并处理	
70	机电Ⅰ类	挡烟垂壁外观受损	A	现场留人看守，上报监控中心，监控中心安排人员修复	
71	机电Ⅰ类	挡烟垂壁控制中心显示异常	A	监控中心立即派人前往检查并处理	
72	机电Ⅰ类	控制中心机房工作状态异常、通信异常	A	监控中心立即派人处理	
73	机电Ⅰ类	监控报警异常	A	监控中心立即派人处理	
74	机电Ⅰ类	廊内门禁不能正常打开或锁闭	A	现场留人看守，上报监控中心，监控中心安排人员修复	
75	机电Ⅰ类	出入口门禁不能正常打开或锁闭	A	现场留人看守，上报监控中心，监控中心安排人员修复	
76	机电Ⅰ类	UPS供电异常	A	监控中心立即派人处理	
77	机电Ⅰ类	网络安全异常	A	监控中心立即派人处理	
78	机电Ⅰ类	服务器、工作站异常	A	监控中心立即派人处理	
79	机电Ⅰ类	软件系统异常	A	监控中心立即派人处理	

续表

序号	缺陷种类	缺陷项目	缺陷级别	处理方式	备注
80	机电Ⅰ类	ACU箱外表受损	A	现场留人看守，上报监控中心，监控中心安排人员修复	
81	机电Ⅰ类	ACU箱不能与控制中心正常通信	A	监控中心立即派人处理	
82	机电Ⅰ类	存储设备工作异常	A	监控中心立即派人处理	
83	机电Ⅰ类	摄像机外表受损	A	现场留人看守，上报监控中心，监控中心安排人员修复	
84	机电Ⅰ类	摄像机画质、云台操作异常	A	监控中心立即派人处理	
85	机电Ⅰ类	光纤传输设备异常	A	监控中心立即派人处理	
86	机电Ⅰ类	入侵检验设备外表受损	A	现场留人看守，上报监控中心，监控中心安排人员修复	
87	机电Ⅰ类	入侵检验设备控制中心显示异常	A	监控中心立即派人处理	
88	机电Ⅰ类	电子井盖控制中心显示异常	A	现场留人看守，上报监控中心，监控中心安排人员修复	

入廊管线巡检缺陷故障表 **附表 2**

序号	缺陷种类	缺陷项目	缺陷级别	处理方式	备注
1	给水管道	管道外观有损坏	C	现场标记并拍照,上报监控中心	
2	给水管道	管道阀门处有渗漏水	A	现场标记并拍照,上报监控中心通知自来水公司处理	
3	给水管道	阀门外观有损坏	A	现场标记并拍照,上报监控中心通知自来水公司处理	
4	给水管道	管道锚固件有松动	A	现场标记并拍照,上报监控中心通知自来水公司处理	
5	给水管道	管道支墩混凝土被损坏,漏筋	B	现场标记并拍照,上报监控中心安排集中修理	
6	给水管道	支吊架生锈	B	现场标记并拍照,上报监控中心安排集中处理	
7	给水管道	管道标识不清洁,受损	D	现场处理	
8	天燃气管道	管道外观有损坏	A	现场标记并拍照,上报监控中心通知天燃气公司处理	
9	天燃气管道	管道防碰撞保护设施是否受损	A	现场标记并拍照,上报监控中心通知天燃气公司处理	
10	天燃气管道	管廊内警示标识是否完好	B	现场标记并拍照,上报监控中心安排集中处理	
11	天燃气管道	进出口、通风口、吊装口等地面设施是否完好	A	现场标记并拍照,上报监控中心安排人员修理	
12	天燃气管道	阀门井内是否有积水、塌陷以及妨碍阀门操作的异物	A	现场标记并拍照,上报监控中心安排人员修理	
13	天燃气管道	管道标识不清洁,受损	A	现场处理	
14	天燃气管道	阀门外观有损坏	A	现场标记并拍照,上报监控中心通知天然气公司处理	
15	热力管道	管道保温层是否有开裂、脱落	A	现场标记并拍照,上报监控中心通知热力公司处理	
16	热力管道	综合舱局部温度超过40℃,风机频繁启动	A	上报监控中心通知热力公司处理	
17	热力管道	管道及附件是否有泄漏	A	现场标记并拍照,上报监控中心通知热力公司处理	
18	热力管道	阀门外观损坏	A	现场标记并拍照,上报监控中心通知热力公司处理	

续表

序号	缺陷种类	缺陷项目	缺陷级别	处理方式	备注
19	热力管道	管道支墩混凝土被损坏，漏筋	B	现场标记并拍照，上报监控中心安排集中修理	
20	热力管道	支吊架生锈	B	现场标记并拍照，上报监控中心安排集中处理	
21	热力管道	管道标识不清洁，受损	D	现场处理	
22	热力管道	管道锚固件有松动	A	现场标记并拍照，上报监控中心通知热力公司处理	
23	电力电缆	电缆外观有损坏	A	现场标记并拍照，上报监控中心通知电力公司处理	
24	电力电缆	电缆接头处固定支架脱落	A	现场标记并拍照，上报监控中心通知电力公司处理	
25	电力电缆	接头接地线处脱落	A	现场标记并拍照，上报监控中心通知电力公司处理	
26	电力电缆	电缆接头处的防火涂料和防火带受损	A	现场标记并拍照，上报监控中心通知电力公司处理	
27	电力电缆	电缆支架脱落，松动	D	现场处理	
28	电力电缆	电缆标识牌外观受损	B	现场标记并拍照，上报监控中心安排集中处理	
29	通信电缆	通信电缆外观受损	A	现场标记并拍照，上报监控中心通知通信公司处理	
30	通信电缆	通信电缆管线支架脱落	A	现场标记并拍照，上报监控中心通知电力公司处理	
31	通信电缆	电缆标识牌外观受损	B	现场标记并拍照，上报监控中心安排集中处理	

（八）管廊监控系统管理制度

第一章　总则

第一条　为规范管廊监控系统日常管理，保证监控系统的正常运行，特制定本制度。

第二章　适用范围

第二条　本制度适用于城市管廊内所有监控系统的管理。

第三章　职责与权限

第三条　维护人员必须进行岗前培训、考核，持证上岗。

第四条　维护人员应严格履行岗位职责，搞好本职工作，尽职尽责搞好各项设备的管理和日常维护及保养，确保管廊监控系统正常运转。

第五条　未经相关领导批准，严禁带领其他人员进入监控中心。未经领导批准，严禁擅自将系统维护工具和仪器技术资料借给他人使用。

第六条　严格按照操作规程办事，如违反规定或失职造成设备损坏，应追究当事人的责任。

第七条　维护人员进行系统维护时必须佩戴安全帽、反光马甲，高空作业还要佩戴安全绳。

第八条　未经相关领导批准，任何人员不得将监控系统的数据、软件及资料复制给其他单位或个人。

第四章　一般要求

第九条　维护人员每天必须对监控中心设备运行状况进行检查。对各类设备的维修要及时登记，严格按照设备故障处理程序处理一般性故障，并作好详细记录。

第十条　管廊监控系统维护过程中，严格按规定操作步骤进行操作，密切注意设备运行状况，保证监控设备安全有序运行，不得无故中断监控系统，删除系统资料。

第十一条　各种监控用的计算机不得做与监控工作无关的事情。不得随意开、关监控中心设备的电源；不得擅自删除、修改监控系统的运行程序和记录。严禁将光盘、软盘、录像带带入监控中心，进行与工作无关的活动。

第十二条　不得擅自改变图像信息系统的用途和摄像设备的位置以及计算机系统的设置。

第十三条　不得擅自更改服务器、交换机、拼接管理器、管理工作等设备的管理密码。不得擅自给系统升级、安装补丁软件以及其他软件。需要给系统升级软件、安装补丁软件及其他应用软件时，应提前做好应急预案，保证系统的正常运行。

第十四条　建立健全巡检制度，每日对设备的运行状态进行巡检、每季度对设备进行除尘、吹灰养护、每年年底对整个系统进行彻底检查维护。

第十五条 维护人员每周不少于 1 次对管廊内的监控摄像机、气体（O_2、CH_4、H_2S）、温度、湿度、烟雾、水位、水浸等监测传感器的外观、工作状态、工作参数等进行巡检，并作巡检记录。

第十六条 加强防火意识，不得将易燃、易爆和影响设备性能的物品带入管廊。

第十七条 不得擅自更改摄像机监控区域，严禁将摄像机长时间对准非监控区域；不得擅自修改气体（O_2、CH_4、H_2S）、温度、湿度、烟雾、水位、水浸等监测传感器等前端设备的工作参数。

第十八条 维护人员负责将每次管廊内设备故障的具体情况、损坏程度、采取措施、更换耗材及备件等详细记录存档保存；设备耗材和备件统一由相关主管部门负责发放、保管、调配。

第十九条 管廊内监控设备如遇意外事故造成损坏由维护人员协同监控控制中心在规定时间内处理好，以及时恢复该设备的正常运行。管廊内监控设备如遇到不可抗拒自然因素损坏，由巡检人员上报主管领导，主管领导请示上级领导，经批准后按照相应的制度处理。

第二十条 维护人员要定期清除摄像机上的灰尘、蛛网，保证图像的清晰；定期对摄像机主板、接插件和摄像机内部除尘；

第二十一条 维护人员定期检查摄像机、气体（O_2、CH_4、H_2S）、温度、湿度、烟雾、水位、水浸等监测传感器的安装固定是否牢固，各种前端仪器仪表的读数是否正常。

第二十二条 维护人员定期检查门禁读卡器读卡灵敏度、检查门禁控制器是否在线、工作是否正常。定期检查紧急报警按钮是否工作正常。定期检查人员逃生口电子井盖是否工作正常。定期检查感温光缆是否有断裂情况。巡检人员定期检查传输线路是否有断裂现象，线缆标识是否有脱落。巡检人员定期检查设备接线是否牢靠，设备接线处是否有脱落、松动现象。

（九）管廊运营档案管理制度

第一章　总则

第一条　为了规范管廊运营档案管理工作，确保档案管理的规范、有序和完整性，提高档案资料查阅和使用效率，特制定本制度。

第二章　适用范围

第二条　本制度适用于公司所有运营档案资料管理。

第三章　管理规定

第三条　管廊运营档案，是指在管廊运营过程中直接形成的有保存价值的各种文字、图表、影像等不同形式的历史记录。

第四条　档案经办人员应保证经办文件的系统完整。工作变动或因故离职时应将经办的文件材料向接办人员交接清楚，不得擅自带走或销毁。

第五条　公司的运营档案日常管理工作由专人负责管理。

第六条　运营文件材料的收集由经办人员负责整理，部门负责人审核后交总经理审阅后归档。

第七条　运营档案归档范围包括：

1. 与相关部门及各管线单位的合同协议等；
2. 运营管理制度、岗位操作规程、作业安全规程，并汇编成册，运营标准化体系各类文件；
3. 运营管理人员名单及变动记录；
4. 人员安全教育培训、技能培训资料等；
5. 特种作业人员资格证件及人员名单；
6. 职工健康档案及健康监护资料；
7. 设备设施台账及有关档案资料；
8. 运营环境监测资料（温湿度、含氧量、甲烷浓度、二氧化硫浓度等环境监测）；
9. 危险源（点）资料及三级危险源（点）管理清单；
10. 人员出入记录、交接班记录、巡检记录等；
11. 安全检查记录及整改情况；
12. 运营过程事故记录和统计资料；
13. 职工伤亡事故登记表等有关伤亡事故管理的档案资料；
14. 事故应急救援预案，事故应急救援演练及实施记录；
15. 入廊管线运行情况等记录资料；
16. 其他相关资料。

第八条　运营档案要编写详细的目录并分档存放，以便于查阅。要逐步实现档案的标准化、规范化、现代化管理。

第九条 归档的文件材料种类、份数以及每份文件的页数均应齐全完整。

第十条 档案管理人员要运用科学的方法进行统计分析，按要求将统计该上报有关部门的及时上报；该定期向员工公布的及时公布。

第十一条 有关领导和运营部门负责人要经常检查运营档案的建档和档案管理工作，使运营档案逐步完善和科学管理。

第十二条 运营档案只有公司内部人员可以借阅，借阅者都要填写《借阅单》（格式见附件），报主管领导批准后，方可借阅。

第十三条 档案借阅的最长期限为两周；对借出档案，档案管理人员要定期催还，发现损坏、丢失或逾期未还，应写出书面报告，报主管领导处理。

第十四条 必须严格保密，不准泄露档案材料内容，如发现遗失必须及时汇报，追究责任。

第十五条 用毕按时归还，如需延长借阅时间，必须通知档案管理人员另行办理续借手续。

附件：

档案借阅单

日期：　年　月　日

姓名：	部门：
借阅事由：	
借阅时间：	归还时间：
主管领导审批：	

（十）管廊消防设施管理制度

第一章 总则

第一条 为引导和规范管廊消防设施的维护管理工作，确保管廊消防设施完好有效，依据国家现行法律法规和消防技术标准，制定本制度。

第二章 适用范围

第二条 本制度适用于公司运营的所有干支线管廊、缆线管廊的消防设施的运行维护工作。

第三章 职责与权限

管廊消防设施投入使用后，应处于正常工作状态。管廊消防设施的电源开关、压力示数，均应处于正常运行位置，并标示开、关状态；对具有信号反馈功能的灭火装置，其状态信号应反馈到火灾报警工作站，并填写附表A《火灾报警工作站值班记录表》。

第三条 不应擅自关停消防设施。值班、巡查、检测时发现故障，应及时组织修复。因故障维修等原因需要暂时停用消防系统的，应有确保消防安全的有效措施，并经所属片区控制中心主任的批准。

第四条 负责消防设施操作的人员应通过消防行业特有工种职业技能鉴定，持有初级技能以上等级的职业资格证书，能熟练操作消防设施。火灾报警工作站、具有消防配电功能的配电室等重要的消防设施操作控制场所，应建立值班制度，确保火灾情况下有人能按操作规程及时、正确操作管廊消防设施。

第四章 应急处理措施

第五条 火灾报警工作站值班人员接到报警信号后，应按下列程序进行处理：

1.接到火灾报警信息后，应以最快方式确认。

2.确认属于误报时，查找误报原因并填写附表B《管廊消防设施故障维修记录表》。

3.火灾确认后，立即将火灾报警联动控制开关转入自动状态（处于自动状态的除外），同时拨打“119”火警电话报警。

4.立即启动单位内部灭火和应急疏散预案，同时报告管廊单位消防安全责任人。单位消防安全责任人接到报告后应立即赶赴现场。

第五章 一般要求

第六条 管廊消防设施巡查频次应满足下列要求：

1.天然气舱，每日巡查一次；

2.管廊其他舱，每周至少巡查一次。

第七条 消防供配电设施的巡查内容见附表C中“消防供配电设施”部分。

第八条 火灾自动报警系统的巡查内容见附表C中“火灾自动报警系统”部分。

第九条 电气火灾监控系统的巡查内容见附表C中“电气火灾监控系统”部分。

第十条 可燃气体探测报警系统的巡查内容见附表C中“可燃气体探测报警系统”部分。

第十一条 防烟、排烟系统的巡查内容见附表C中“防烟、排烟系统”部分。

第十二条 应急照明和疏散指示标志的巡查内容见附表C中“应急照明和疏散指示标志”部分。

第十三条 消防专用电话的巡查内容见附表C中“消防专用电话”部分。

第十四条 防火分隔设施的巡查内容见附表C中“防火分隔设施”部分。

第十五条 干粉灭火系统的巡查内容见附表C中“干粉灭火系统”部分。

第十六条 灭火器的巡查内容见附表C中“灭火器”部分。

第十七条 超细干粉灭火系统的巡查内容见附表C中“干粉灭火系统”部分。

第十八条 管廊消防设施应每年至少检测一次，检测对象包括全部系统设备、组件等。天然气舱、电缆舱应自系统投入运行后每一年底前，将年度检测记录报当地公安机关消防机构备案。

第十九条 从事管廊消防设施检测的人员，应当通过消防行业特有工种职业技能鉴定，持有高级技能以上等级职业资格证书。

第二十条 管廊消防设施检测应按GA503的要求进行，并如实填写附表D《管廊消防设施检测记录表》的相关内容。

第二十一条 消防供配电设施的检测内容见附表D中“消防供配电设施”部分。

第二十二条 火灾自动报警系统的检测内容见附表D中“火灾自动报警系统”部分。

第二十三条 防烟系统的检测内容见附表D中“机械加压送风系统”部分。

第二十四条 排烟系统的检测内容见附表D中“机械排烟系统”部分。

第二十五条 应急照明系统的检测内容见附表D中“应急照明系统”部分。

第二十六条 消防专用电话的检测内容见附表D中“消防专用电话”部分。

第二十七条 防火分隔设施的检测内容见附表D中“防火分隔”部分。

第二十八条 干粉灭火系统的检测内容见附表D中“干粉灭火系统”部分。

第二十九条 超细干粉灭火系统的检测的内容见附表D中“干粉灭火系统”部分。

第六章 档案管理规定

第三十条 运维档案包括管廊消防设施的值班记录、巡查记录、检测记录、故障维修记录以及维护保养计划表、维护保养记录、自动消防控制室值班人员基本情况档案及培训记录。

第三十一条 《火灾报警工作站值班记录表》和《管廊消防设施巡查记录表》的存档时间不应少于一年。

第三十二条 《管廊消防设施检测记录表》、《管廊消防设施故障维修记录表》、《管廊消防设施维护保养计划表》、《管廊消防设施维护保养记录表》的存档时间不应少于五年。

第七章　附录

附录 A　火灾报警工作站值班记录表
附录 B　管廊消防设施故障维修记录表
附录 C　管廊消防设施巡查记录表
附录 D　管廊消防设施检测记录表

附录 A

火灾报警工作站值班记录表

附表 A

序号：

<table>
<tr><td colspan="7">火灾报警控制器运行情况</td><td rowspan="4">报警、故障部位、原因及处理情况</td><td colspan="5">控制室内其他消防系统运行情况</td><td rowspan="4">报警、故障部位、原因及处理情况</td><td colspan="6">值班情况</td></tr>
<tr><td rowspan="3">正常</td><td rowspan="3">故障</td><td colspan="2" rowspan="2">火警</td><td rowspan="3">故障报警</td><td rowspan="3">监管报警</td><td rowspan="3">漏报</td><td rowspan="3">消防系统及其相关设备名称</td><td colspan="2" rowspan="2">控制状态</td><td colspan="2" rowspan="2">运行状态</td><td>值班员</td><td></td><td>值班员</td><td></td><td>值班员</td><td></td></tr>
<tr><td>时段</td><td>～</td><td>时段</td><td>～</td><td>时段</td><td>～</td></tr>
<tr><td>火警</td><td>误报</td><td>自动</td><td>手动</td><td>正常</td><td>故障</td><td colspan="6">时间记录</td></tr>
<tr><td></td><td></td><td></td><td></td><td></td><td></td><td></td><td></td><td></td><td></td><td></td><td></td><td></td><td></td><td></td><td></td><td></td><td></td><td></td><td></td></tr>
<tr><td></td><td></td><td></td><td></td><td></td><td></td><td></td><td></td><td></td><td></td><td></td><td></td><td></td><td></td><td></td><td></td><td></td><td></td><td></td><td></td></tr>
<tr><td></td><td></td><td></td><td></td><td></td><td></td><td></td><td></td><td></td><td></td><td></td><td></td><td></td><td></td><td></td><td></td><td></td><td></td><td></td><td></td></tr>
</table>

<table>
<tr><td rowspan="5">火灾报警控制器日检查情况记录</td><td colspan="2" rowspan="2">火灾报警控制器型号</td><td colspan="5">检查内容</td><td rowspan="2">检查时间</td><td rowspan="2">检查人</td><td colspan="3" rowspan="2">故障及处理情况</td></tr>
<tr><td>自检</td><td>消音</td><td>复位</td><td>主电源</td><td>备用电源</td></tr>
<tr><td></td><td></td><td></td><td></td><td></td><td></td><td></td><td></td><td></td><td></td><td></td><td></td></tr>
<tr><td></td><td></td><td></td><td></td><td></td><td></td><td></td><td></td><td></td><td></td><td></td><td></td></tr>
<tr><td></td><td></td><td></td><td></td><td></td><td></td><td></td><td></td><td></td><td></td><td></td><td></td></tr>
<tr><td colspan="13">注 1：交接班时，接班人员对火灾报警控制器进行日检查后，如实填写火灾报警控制器日检查情况记录；值班期间按规定时限、异常情况出现时间如实填写运行情况栏内相应内容，填写时，在对应项目栏中打“√”；存在问题或故障的，在报警、故障部位、原因及处理情况栏中填写详细信息；
注 2：对发现的问题应及时处理，当场不能处置的要填报《管廊消防设施故障维修记录表》，将处理记录表序号填入“故障及处理情况”栏；
注 3：本表为样表，使用单位可根据火灾报警控制器数量、其他消防系统及相关设备数量及值班时段制表。</td></tr>
</table>

消防安全责任人或消防安全管理人（签字）：

附录 B

管廊消防设施故障维修记录表 **附表 B**

序号：

故障情况				故障维修情况						故障排除确认
发现时间	发现人签名	故障部位	故障情况描述	是否停用系统	是否报消防部门备案	安全保护措施	维修时间	维修人员（单位）	维修方法	

注 1："故障情况"由值班、巡查、检测、灭火演练时的当事者如实填写：
注 2："故障维修情况"中因维修故障需要停用系统的由单位消防安全责任人在"是否停用系统"栏签字；停用系统超过 24 小时的，单位消防安全责任人在"是否报消防部门备案"及"安全保护措施"栏如实填写；其他信息由维护人员（单位）如实填写；
注 3："故障排除情况"由单位消防安全管理人在确认故障排除后如实填写并签字；
注 4：本表为样表，单位可根据管廊消防设施实际情况制表。

附录 C

管廊消防设施巡查记录表 **附表 C**

序号：

巡查项目	巡查内容	巡查情况					
		部位	数量	正常	故障及处理		
					故障描述	当场处理情况	报修情况
消防供配电设施	消防电源主电源、备用电源工作状态						
	消防配电房、UPS 电池室、发电机房环境						
	消防设备末端配电箱切换装置工作状态						
火灾自动报警系统	火灾探测器、手动报警按钮、信号输入模块、输出模块外观及运行状态						
	火灾报警控制器、火灾显示器、CRT 图形显示器运行状况						
	消防联动控制器外观及运行状况						
	火灾报警装置外观						
	管廊消防设施远程监控、信息显示、信息传输装置外观及运行状况						
	系统接地装置外观						
电气火灾监控系统	电气火灾监控探测器的外观及工作状态						
	报警主机外观及运行状态						
可燃气体探测报警系统	可燃气体探测器的外观及工作状态						
	报警主机外观及运行状态						
防烟、排烟系统	送风阀外观						
	送风机及控制柜外观及工作状态						
	挡烟垂壁及其控制装置外观及工作状况、排烟阀及其控制装置外观						
	自然排烟设施外观						
	排烟机及控制柜外观及工作状况						
	送风、排烟机房环境						

续表

巡查项目	巡查内容	巡查情况					
		部位	数量	正常	故障及处理		
					故障描述	当场处理情况	报修情况
应急照明和疏散指示标志	应急灯具外观、工作状态						
	疏散指示标志外观、工作状态						
	集中供电型应急照明灯具、疏散指示标志灯外观、工作状况，集中电源工作状态						
	字母型应急照明灯具、疏散指示灯标志灯外观，工作状态						
消防专用电话	消防电话主机外观、工作状况						
	分机电话外观，电话插孔外观，插孔电话机外观						
防火分隔设施	防火窗外观及固定情况						
	防火门外观及配件完整性，防火门启闭状况及周围环境						
	电动型防火门控制装置外观及工作状况						
	防火卷帘外观及配件完整性，防火卷帘控制装置外观及工作状况						
	防火墙外观、防火阀外观及工作状况						
	防火封堵外观						
干粉灭火系统	烟感设备和超细干粉灭火设备是否处于正常的联动状态						
	超细干粉储存装置外观						
	选择阀、驱动装置等组长件外观						
	紧急启/停按钮、放气指示灯、警报器、喷嘴外观						
	防护区状况						

续表

<table>
<tr><td rowspan="3">巡查项目</td><td rowspan="3">巡查内容</td><td colspan="6">巡查情况</td></tr>
<tr><td rowspan="2">部位</td><td rowspan="2">数量</td><td rowspan="2">正常</td><td colspan="3">故障及处理</td></tr>
<tr><td>故障描述</td><td>当场处理情况</td><td>报修情况</td></tr>
<tr><td rowspan="4">灭火器</td><td>灭火器外观</td><td></td><td></td><td></td><td></td><td></td><td></td></tr>
<tr><td>灭火器数量</td><td></td><td></td><td></td><td></td><td></td><td></td></tr>
<tr><td>灭火器压力表、维修标示</td><td></td><td></td><td></td><td></td><td></td><td></td></tr>
<tr><td>设置位置状况</td><td></td><td></td><td></td><td></td><td></td><td></td></tr>
<tr><td>其他巡查内容</td><td>消防车道、疏散楼梯、疏散走道畅通情况、逃生自救设施配置及完好情况，消防安全标示使用情况，用火用电管理情况等</td><td></td><td></td><td></td><td></td><td></td><td></td></tr>
<tr><td colspan="2">巡查人(签名)</td><td colspan="6">年　月　日</td></tr>
<tr><td colspan="2">消防安全责任人或消防安全管理人(签名)</td><td colspan="6">年　月　日</td></tr>
<tr><td colspan="8">注 1:情况正常打“√”,存在问题或故障的应填写“故障及处理”栏中相关内容；
注 2:对发现的问题和故障应及时处理，当场不能处置的要填报《管廊消防设施故障维修记录表》；
注 3:本表为样表，单位可根据管廊消防设施实际情况和巡查时间段分系统、分部位制表。</td></tr>
</table>

附录 D

管廊消防设施检测记录表 **附表 D**

序号：

检测项目		检测内容	实测记录	故障记录及处理		
				故障描述	当场处理情况	报修情况
消防供电配电	消防配电柜(箱)	试验主、备电切换功能;消防电源主、备电源供电能力测试				
	应急电源	试验应急电源充、放电功能				
	联动试验	试验非消防电源的联动切断功能				
火灾报警系统	火火探测器	试验报警功能				
	手动报警按钮	试验报警功能				
	监管装置	试验监管装置报警功能,屏蔽信息显示功能				
	警报装置	试验警报功能				
	报警控制器	试验火警报警、故障报警、火警优先、打印机打印、自检、消音等功能,火灾显示盘和 CRT 显示器的报警,显示功能				
	消防联动控制器	试验联动控制器及控制模场的手动、自动联动控制功能,试验控制器显示功能,试验电源部分主、备电源切换功能,备用电源充、放电功能				
	远程监控系统	试验电源部分主备电源切换,备用电源充、放电功能				
机械加压送风系统	送风口	测试手动/自动开启功能				
	送风机	测试手动/自动启动、停止功能				
	送风量、风速、风压	测试最大负荷状态下,系统送风量、风速、风压				
	联动控制功能	通过报警联动,检查防火阀、送风自动开启和启动功能				
机械排烟系统	自然排烟设施	测试自然排烟窗的开启面积、开启方式				
	排烟阀、电动排烟窗、电动挡烟垂壁、排烟防火阀	测试排烟阀手动/自动开启功能,测试挡烟垂壁的释放功能,测试排烟防火阀的动作性能				
	排烟风机	测试手动/自动启动、排烟防火阀联动停止功能				

续表

检测项目		检测内容	实测记录	故障记录及处理		
				故障描述	当场处理情况	报修情况
机械排烟系统	排烟风量、风速	测试最大负荷状态下，系统排烟风量、风速				
	联动控制功能	通过报警联动，检查电动挡烟垂壁、电动排烟阀、电动排烟窗的功能，检查排烟风机的性能				
应急照明系统		切断正常供电，测量应急灯具照度，电源切换、充电、放电功能；测试应急电源的供电时间；能过报警联动，检查应急灯具自动投入功能				
消防专用电话		测试消防电话机与电话分机、插队电话之间通话质量；电话主机录音功能；拨打“119”功能				
防火分隔	防火门	试验非电动防火门的启闭功能及密封性能，测试电动防火门自动，现场释放功能及信号反馈功能，通过报警联动，检查电动防火门释放功能、喷水冷却装置的联动启动功能				
	防火卷帘	试验防火卷帘的手动、机械应急和自动控制功能、信号反馈功能、封闭性能，通过报警联动，检查防火卷帘门自动释放功能及喷水冷却装置的联动启动功能，测试有延时功能的防火卷帘的延时时间、声光指示				
	电动防火阀	通过报警联动，检查电动防火阀的关闭功能及密封性				
干粉灭火系统		测试驱动气瓶压力和干粉储存量；通过报警联动，模拟干粉喷放试验，检验系统功能				
灭火器		核对选型、压力和有效期对同批次的灭火器随机抽取一定数量进行灭火、喷射等性能试验				
其他设施		逃生自救设施性能				
检测人(签名)： 等级证书编号：　　年　月　日			检测结论： 检测单位(盖章)：　年　月　日			
消防安全责任人或消防安全管理人(签名)：						

注1：检测项目应满足设计资料、国家工程建设消防技术规范等的要求；
注2：发现的问题或存在故障应在“故障及处理”栏中填写，并及时处置；当场不能处置的要填报《管廊消防设施故障维修记录》；
注3：本表为样表，单位可根据管廊消防设施实际情况分系统制表，参与系统检测的人员均应在检测人一栏如实填写个人基本信息。

（十一）管廊岗位职责制度

1　安全管理人员岗位职责

第一条　在主管领导的直接领导下，认真贯彻执行国家和公司制定的安全生产、职业健康卫生的方针、政策、法规，对公司的生产过程中的安全工作负直接责任。

第二条　协助第一责任人管好安全生产工作，协助组织制定公司的安全生产年度管理目标，并实施考核工作。

第三条　明确各岗位的安全生产责任制，制定岗位安全责任目标合同书，并实施监督检查。

第四条　制定单位安全生产规章制度，并对制度执行情况进行监督检查。

第五条　每天对公司的安全情况进行检查，对检查中发现的违反技术规定和要求的，责令相关人员及时处理。

第六条　组织落实本单位的职业危害防治工作，落实职业危害防治措施。

第七条　监督本单位的劳动防护用品的使用和管理。

第八条　定期召开安全工作会议，组织开展各种形式的安全教育和宣传活动

第九条　组织和参与本单位的安全事故的调查和处理，承担安全事故的统计好、分析、报告工作。

第十条　其他安全生产管理工作。

2　保安岗位职责

第一章　大门岗位主要职责

第十一条　值班员必须做到文明礼貌，热情大方，仪表端庄，站岗时一律军姿态，遇到公司领导或进出车辆、客户，都要敬礼。同时，对车辆出入必须有车辆指挥动作，动作要干净利落，标准无误。

第十二条　对外车辆来访时，要先问明来访目的，再进行登记，内容填写清楚，然后按人数如实发放客访证。

第十三条　对来访人员要问明来访人名、单位、被访人的部门，先联系被访人，经被访人证实允许后，再进行登记发放客访证，对被访地点不熟悉的，值班员应耐心指引或带客户前往。

第十四条　对政府类车辆的管理，包括市政府、公安检察院、市劳动局、消防局等政府机关车辆可简要问明进厂目的，根据情况尽快联系主管部门，如一时联系不上，可让其先进厂，根据需要，可将客户带至总台大堂等候，并告知总台联系事宜。

第十五条　留意大门前，不得有闲杂人员逗留围观，未经公司同意，任何人不准在厂内及厂大门外拍摄公司厂景。对外发单位送的样品、货件、资料等要有登记，注明时间、收货值班员、收货部门等，另外需及时联系收货部门前来领取。

第十六条　客访证的收发应该制表，交接清楚，如遇遗失或无法收回的，应及时找被

控防部门主管签名（必要时遗失者填写遗失认可书）并追踪回收。

第十七条 未经同意不得对外透露公司商业机密或技术秘密或公司重要文件，不得对公司外人员透露公司有关部门负责人的姓名、分机号和其他情况。

第十八条 夜间必须做好监控中心的安全按制，每晚必须对监控中心内进行二至三次的巡逻，留意监控中心安全隐患与电源开关（包括空调机）。

第十九条 做好当天的值班记录，如有特殊情况，可及时上报监控中心，不得隐瞒不报或漏报。

第二十条 岗位卫生要做好，包括物品的存放，值班用品的使用交接，保证环境的卫生。

第二十一条 完成上级下达的各项任务，及时、准确地完成，对所布置的任务必须严格执行，监督好，做到万无一失。

第二章 巡逻岗位主要职责

第二十二条 巡逻队员必须遵守《保安工作守则》，《治安管理条例》和《消防法》等法规，做到按章执勤，文明上岗。

第二十三条 安保巡逻兼职管廊土建巡逻，严格按照《管廊日常巡检管理制度》执行。

第二十四条 巡逻队员必须灵活机智，不断改变巡逻方式、方向、路线和时间，必要时采取暗伏明巡的方式。

第二十五条 巡逻范围包括管廊内部，管廊外每个出入口、逃生口、吊装口、通风口，及管廊四周有没有施工的情况。

第二十六条 当遇到管线单位在廊外吊装口吊装货物时，巡逻人员需现场看护。

3 监控室工作人员管理职责

第二十七条 监控员应依照规定时间上下班，当值时不准睡觉，不得擅离岗位，交接班时认真填写交接班登记表，并将新发现的问题和未能处理完成的问题书面告知接班人员。

第二十八条 监控员必须严格按照规定时间、范围，集中精力严密观察，对异常可疑情况作好记录并录像。

第二十九条 监控员当收到巡检人员的缺陷或安全情况反馈时应及时上报监控中心上级领导，并联系相关单位前去处理。

第三十条 监控员应根据他人提供的情况及从屏幕中观察到的可疑情况，进行定时、定位、定人及时录像，并做好记录，对发现刑案、治安火灾、事故等应迅速操作控制中心设备进行应急处理并按照程序上报。

第三十一条 监控员在当班时不准做与工作无关的事，严守工作纪律。监控室禁止无关人员入内，其他部门确因工作需要来监控室的人员也应作好登记，在当班时主动做好监控室的清洁卫生工作，保持整洁。禁止在监控中心吸烟。

第三十二条 监控室所监控范围及摄像监视头的开关时间均属保密，不传播监控中发现的各种情况特别是他人隐私；不损害他人声誉；不在院内及院外和非值班场合谈论监控过程；不泄露监控录像内容；无公安机关出具的破案需要证明或非经院领导批准，不外借录像资料或为保卫部以外的人员翻看、检索监控资料。因不遵守保密制度而造成严重不良后果的，由泄密人员承担法律责任。

第三十三条 保持通信联络畅通。保证有线电话、无线对讲机等通信设备始终处于良好的工作状态；发生故障及时报修；不占用监控室电话处理与监控、报警、指挥无关的事情。

第三十四条 严格遵守监控设备操作程序，禁止调整改动工控计算机系统。

4 控制中心主任岗位职责

第三十五条 对管廊消防、弱电监控系统的运行情况全面负责。

第三十六条 认真贯彻执行上级单位对有关安全避险的指示、决定、规章制度等，并结合实际情况制定安全避险异常应急处理措施。

第三十七条 组织监控室工作人员学习上级单位下发的各类文件。

第三十八条 加强对监控室工作人员的管理，不定时检查值班情况，发现违反控制中心管理制度的情况应及时处理。

第三十九条 定期组织监控人员分析、解决监控室工作中存在的问题。

第四十条 定期组织人员对系统进行全面检查，对查出的问题要及时处理，保证系统的正常运行。

第四十一条 发现紧急情况应及时与上级主管领导联系，立即组织工作人员离开危险区域，撤离至安全避险地点。

第四十二条 积极配合上级单位的工作，确保生产正常进行。

第四十三条 积极配合所有管线单位工作，完成上级领导交办的临时任务。

5 库管员管理职责

第四十四条 库房内物品摆放整齐，物归其类，贴有标签，一目了然。

第四十五条 负责对购进物品的验收工作，并登记上账，进行入库管理。

第四十六条 对入库配件做到三不入：劣质配件不入库；数量不清，质量不足不入库；不能使用的配件、设备及用具不入库。

第四十七条 熟悉各种配件、设备及用具的用途和使用方法。

第四十八条 对市场采购配件，做到依实物入库，不得以票据入库，并对入库材料分类摆放，悬挂标志，做到一目了然、摆放整齐、账物相符。

第四十九条 每月月底对库房进行盘查，对上月的所有配件、设备及用具、办公用品及材料分类汇总，制表一式三份，分别上报监控中心站长。

第五十条 各种配件的发放，必须要有领导批签后的发货单方可发放，更换配件收回原旧物方可发放、收旧领新。

第五十一条 对各类物品要勤检查、勤整理，防止压损、鼠害霉烂和虫蛀。定期清点仓库，经常掌握物品的数量与完好情况，对过期、报废和不能使用的物品应及时办理销账手续。

第五十二条 公物不外借。如遇特殊情况，经本部门领导批准，做好登记外借手续，并按时间归还外借物品，如有损坏应由借用人照价赔偿。

第五十三条 经常保持库内的环境卫生。

6 维护人员岗位职责

第五十四条 认真学习，掌握设备工作原理的构造、性能和易出故障的部位。

第五十五条 严格按照维护部门制定的定期保养项目，会同操作人员作好设备的定期维护和修理工作。每月保养需填好保养记录表。

第五十六条 严格按照各监控中心下达的维修任务，在一定的时间内保质、报量的完成。

第五十七条 维修工要做到三好（管好、用好、修好），四会（会使用、会保养、会检查、会排除故障）。

第五十八条 负责申报设备维修配件、外修计划。

第五十九条 管廊内设备发生故障时，及时组织抢修，以最快的速度排除，保证生产顺利进行。

第六十条 做好修旧制度，努力降低维修成本。

第六十一条 对使用工具和从库房领用出的备品备件妥善保管，认真保养。

第六十二条 完成领导交办的其他任务。

7 监控中心站长岗位职责

第六十三条 监控中心站长是监控中心的第一责任人，负责监控中心的全面管理。

第六十四条 会同巡检员、安全员制订安全生产和维护保养质量保证措施，要支持、配合、督促监控中心工作人员履行职责，做好本职工作，是所管辖管廊的安全、质量第一责任人。

第六十五条 编制每周巡检计划，监督巡检人员按时进行巡检。

第六十六条 每周将巡检的结果和缺陷处理方案按时上报维护部门。

第六十七条 严格按照维护部门的维护保养计划对设备及管线机型维护保养。

第六十八条 及时联系并积极配合管线单位对管廊内管线的巡检。

第六十九条 巡检自用设备时发现管线单位的管线出线问题及时与管线单位取得联系。

第七十条 编制月、周备品备件需用计划，并进行入库验收。

第七十一条 发现维护过程中问题，及时分析原因，制定整改措施，限期整改。

第七十二条 根据维护部门的应急演练计划，及时组织下属管廊全体人员进行演练，对演练的情况及时总结。

8 巡检人员岗位职责

第七十三条 严格按照巡检管理制度要求进行巡检。

第七十四条 进入管廊巡检人员必须携带专用的巡检设备，巡检完成后及时上传巡检路线。

第七十五条 土建巡检，一周完成两次整段管廊的巡检，每次进入管廊巡检不得少于两人。

第七十六条 专业管线巡检，一周完成一次整段管廊的巡检，每次进入管廊巡检不得少于两人。

第七十七条 电气、监控、消防类巡检，一周完成两次整段管廊的巡检，每次进入管廊巡检不得少于两人。

第七十八条 排水、通风设备巡检，一周完成两次整段管廊的巡检，每次进入管廊巡检不得少于两人。

第七十九条 巡检过程中发现缺陷或安全隐患时立即上报监控中心，并写入每日巡检日志中。

第八十条 严格按照备品备件管理制度领取备品备件。

（十二）管廊廊内施工管理规定

第一条 为规范管廊在运营期间进入管廊的施工管理，确保廊内施工处于受控状态，保障管廊正常运行，避免损坏廊内各类管线及附属设备设施，特制定本规定。

第二条 本制度适用于所有进入管廊内进行各类施工的施工单位。

第三条 入廊管线单位必须严格按照公司要求准备好原材料、工器具、个人防护用品。

第四条 施工所用各种原材料、工器具等物料应按照公司规划指定的区域分类定点存放，做到整齐有序；施工人员只允许在施工区域内活动，严禁进入非施工区域影响各系统的正常运行。

第五条 特种作业人员要持证上岗，特种作业人员资质复印件交公司技术安全部备查。

第六条 如果管线接口需要进行探伤、拍片作业，管线单位要提前一天通知公司和周边企业，在施工点周围设隔离区，各个路口设置警戒点并派人值守，该工作只能在夜间进行。

第七条 管廊内施工现场的各种气瓶都要立放在专用的钢筋笼子里，对于乙炔气瓶必须要有防回火装置，所有气管必须完好无龟裂、漏气现象，接头必须使用标准连接接头，禁止使用铁丝、铜丝随意捆绑。

第八条 施工用各类气瓶及其安全附件都必须经过国家质监部门检测合格，运送气瓶要使用气瓶车或小拉车，禁止在地面滚动气瓶。

第九条 管廊施工用电的发电机、用电设备、配电箱都要由公司的相关人员检查确认合格才能使用，配电箱内必须要有漏电保护开关，电焊机外壳必须接地，严禁把接地接在脚手架、气瓶上或其他管道、结构上，严禁在管廊已有管道、结构上引弧。非防爆电焊机、发电机、配电箱等禁止进入管廊，只能放在管廊外使用。

第十条 地下管廊吊装口吊装作业时必须使用合格的吊机支腿枕垫，支撑腿必须全部伸出，水平仪在水平位置，检查吊机的钢丝绳必须无大量断丝、无扭结、无松散、无额外磨损等。检查吊装带完好无损，必须无烧伤、褪色、打节、断裂等情况，吊装作业必须有持证起重工和司索指挥员，严格按照“十不吊”的要求进行工作。

第十一条 管廊内部施工用脚手架只有持证架子工才能安装、修改和拆卸，脚手架要定期组织安全人员检查并挂绿牌方可使用，高处焊接、切割、打磨等工作必须使用脚手架，禁止单梯作业，脚手架上要有上下通道、扶手、作业平台、踢脚板和护栏，可以安全系挂安全带。

第十二条 在管廊施工时严禁踩踏管廊内部的其他管道、设备和设施，禁止私拆管廊的围栏和门锁，如损坏设备将加倍赔偿并负担由此引起的其他损失。

第十三条 管廊内禁止饮食，作业现场要自行携带垃圾收集装置，禁止携带手机、香烟、火机进入管廊，管廊施工要自行设置临时卫生间，禁止随地大小便，现场施工要做到工完场清。

第十四条 在极端气候条件下禁止在管廊进行施工作业（雷雨、浓雾及 5 级以上大风天）。

第十五条 管廊施工动火作业每个动火点至少需要有两具 4kg ABC 干粉灭火器，灭火器要在检验有效期内，灭火器内惰性气体压力要在 1.0MPa 以上，销子铅封、喷嘴和喷管无破损，现场人员会使用灭火器。

第十六条 施工现场的阀门、法兰及管道要用淋湿的灭火毯遮盖，在高空作业时禁止垂直交叉作业和高空抛物，高处工作人员要有防止工具、材料掉落措施。

第十七条 入廊施工单位办理入廊手续需交纳施工保证金，施工期间若出现违反管廊施工管理规定的行为，按规定在施工保证金内扣除。

第十八条 施工结束后经公司技术安全部门验收完毕后，确认没有违反施工管理规定，全额返还施工保证押金。

第十九条 入廊施工单位进入管廊内不服从施工管理规定，公司现场管理人员有权中止施工，待整改后重新办理施工申请。

第二十条 办理施工手续需注明施工人员数量、工作区段、工作时间、进入缘由、安全措施等。

（十三）管廊排水系统管理制度

第一章　总则

第一条　为加强管廊维护管理，提高管廊维护质量，保证管廊排水系统的高效、安全运维，特制定本制度。

第二章　适用范围

第二条　本制度适用于公司运营的所有干支线管廊、缆线管廊设施的排水系统运营维护工作。

第三章　职责内容

第三条　维护人员必须熟悉集水坑设备设施的性能、操作方法。

第四条　值班电工每班按时对集水坑设备设施进行巡查，观察运转情况，并填写巡检记录表。日常巡查检查排水泵控制柜内开关，线路，电器，保证各部件处于良好工作状态，发现异常及时处理或上报。

第五条　集水坑排水泵平时置于自动运行状态，每班巡查时水泵若处于停泵状态，应将转换开关打到手动位置，再按起动按钮手动试运行，检查水泵运行情况是否正常，确认无异常后，停止水泵手动运行，将转换开关重新置于自动位置。

第六条　每逢下雨或工作区域有放水操作时，应及时巡查集水坑内水泵运行状况，并增加巡查频次，防止水泵自动运行故障时，导致水浸事故。

第七条　定期清扫排水泵控制柜内元件灰尘，污垢，测量水泵运行工作电流，根据额定电流值，分析水泵运行情况，填写检查记录表。

第八条　定期清理集水坑底及排水沟内淤泥杂物，防止水泵卡死、排水管堵塞。

第九条　定期要对各集水井潜水泵绝缘情况进行摇测、检查。绝缘电阻必须大于0.5MΩ。

第十条　熟悉掌握水泵手动操作程序。开泵：开启相关阀门—控制箱上转换开关打到手动位置—按控制柜上“起动”按钮，水泵开始运行。停泵：按控制柜上“停止”按钮，水泵停止运行。

第十一条　正常情况下，手动停泵后，须将水泵控制箱上转换开关打到“自动”位置，水泵进入自动运行状态。

（十四）监控中心管理制度

第一章　总则

第一条　为保证监控中心内设备的正常运转，规范监控中心管理，特制定本制度。

第二章　适用范围

第二条　本制度适用于公司运营的所有管廊的监控中心和监控中心管理。

第三章　安全保卫管理

第三条　出入监控中心应注意锁好防盗门。对于需进出监控中心的维护人员及其他人员，监控中心相关的工作人员应负责该人的安全防范工作。最后离开监控中心的人员必须自觉检查和关闭所有机房门窗、锁定防盗装置。应主动拒绝陌生人进出监控中心。

第四条　工作人员离开工作区域前，应保证工作区域内保存的重要文件、资料、设备、数据处于安全保护状态。如检查并锁上自己工作柜台、锁定工作电脑、并将桌面重要资料和数据妥善保存等。

第五条　禁止带领与监控中心工作无关的人员进出监控中心。工作人员、到访人员出入应登记。外来人员进入必须有主管领导签字同意、有专门的工作人员全面负责其行为安全。

第六条　未经主管领导批准，禁止将监控中心相关的钥匙、保安密码等物品和信息外借或透露给其他人员，同时有责任对保安信息保密。对于遗失钥匙、泄露保安信息的情况要即时上报，并积极主动采取措施保证监控中心安全。

第七条　绝不允许与监控中心工作无关的人员直接或间接操纵监控中心任何设备。

第八条　当管廊内发生盗窃、破门、火警、水浸等严重事件时，首先应联系公安机关，工作人员有义务以最快的速度和最短的时间到达现场，协助处理相关的事件。

第四章　用电安全管理

第九条　监控中心工作人员应学习常规的用电安全操作和知识，了解监控中心内部的供电、用电设施的操作规程。

第十条　监控中心管理人员应经常实习、掌握机房用电应急处理步骤、措施和要领。

第十一条　监控中心应安排有专业资质的人员定期检查供电、用电设备、设施。在真正接通设备电源之前必须先检查线路、接头是否安全连接以及设备是否已经就绪、是否具备人员安全保护措施。

第十二条　严禁随意对设备断电、更改设备供电线路，严禁随意串接、搭接各种供电线路。如发现用电安全隐患，应即时采取措施解决，不能解决的必须及时向相关负责人员提出解决。

第十三条　监控中心管理人员对个人用电安全负责。外来人员需要用电的，必须得到监控中心管理人员允许，并使用安全和对监控中心设备影响最少的供电方式。

第十四条 最后离开监控中心的工作人员，应检查所有用电设备，应关闭长时间带电运作可能会产生严重后果的用电设备。

第十五条 禁止在监控中心内使用高温、炽热、产生火花的用电设备。在使用功率超过特定瓦数的用电设备前，必须得到上级主管批准，并在保证线路保险的基础上使用。在外部供电系统停电时，监控中心工作人员应全力配合完成停电应急工作。

第十六条 为了确保通风良好，UPS之间最好有3～5cm的空间间隔。UPS每年只需进行1～2次的充放电，频繁地校准会减少电池的使用寿命。不要长时间储存电池，新电池可以储存6～12个月。UPS负载不要超出额定功率的80%。随着负载的增加，运行时间会减少，同时也会减少使用寿命。未经培训或者非专业人员严禁改动或者对设备线路进行改动。严禁随意更改UPS设备内任何参数。

第五章　消防安全管理

第十七条 监控中心工作人员应熟悉机房内部消防安全操作和规则，了解消防设备操作原理、掌握消防应急处理步骤、措施和要领。

第十八条 任何人不能随意更改消防系统工作状态、设备位置。需要变更消防系统工作状态和设备位置的，必须取得主管领导批准。工作人员更应保护消防设备不被破坏。

第十九条 如发现消防安全隐患，应即时采取措施解决，不能解决的应及时向相关负责人员提出解决。

第二十条 最后离开的监控中心工作人员，应检查消防设备的工作状态，关闭将会带来消防隐患的设备，采取措施保证无人状态下的消防安全。

第二十一条 当发生消防应急情况时，应严格按照室内安全疏散标识逃生。

第六章　硬件安全管理

第二十二条 监控中心工作人员必须熟知监控中心内设备的基本安全操作和规则。

第二十三条 应定期检查、整理硬件物理连接线路，定期检查硬件运作状态（如设备指示灯、仪表），定期调阅硬件运作自检报告，从而及时了解硬件运作状况。

第二十四条 禁止随意搬动设备、随意在设备上进行安装、拆卸硬件、或随意更改设备连线、禁止随意进行硬件复位。

第二十五条 禁止在服务器上进行试验性质的配置操作，需要对服务器进行配置，应在其他可进行试验的机器上调试通过并确认可行后，才能对服务器进行准确的配置。

第二十六条 对会影响到全局的硬件设备的更改、调试等操作应预先发布通知，并且应有充分的时间、方案、人员准备，才能进行硬件设备的更改。

第二十七条 对重大设备配置的更改，必须首先形成方案文件，经过讨论确认可行后，由具备资格的技术人员进行更改和调整，并应做好详细的更改和操作记录。对设备的更改、升级、配置等操作之前，应对更改、升级、配置所带来的负面后果做好充分的准备，必要时需要先准备好后备配件和应急措施。

第二十八条 不允许任何人在服务器、交换设备等核心设备上进行与工作范围无关的任何操作。未经上级允许，更不允许他人操作机房内部的设备，对于核心服务器和设备的调整配置，更需要小组人员的共同同意后才能进行。

第二十九条 要注意和落实硬件设备的维护保养措施。

第七章 软件安全管理

第三十条 必须定期检查软件的运行状况、定期调阅软件运行日志记录，进行数据和软件日志备份。

第三十一条 禁止在服务器上进行试验性质的软件调试，禁止在服务器随意安装软件。需要对服务器进行配置，必须在其他可进行试验的机器上调试通过并确认可行后，才能对服务器进行准确的配置。

第三十二条 对会影响到全局的软件更改、调试等操作应先发布通知，并且应有充分的时间、方案、人员准备，才能进行软件配置的更改。

第三十三条 对重大软件配置的更改，应先形成方案文件，经过讨论确认可行后，由具备资格的技术人员进行更改，并应做好详细的更改和操作记录。对软件的更改、升级、配置等操作之前，应对更改、升级、配置所带来的负面后果做好充分的准备，必要时需要先备份原有软件系统和落实好应急措施。

第三十四条 不允许任何人员在服务器等核心设备上进行与工作范围无关的软件调试和操作。未经上级允许，不允许带领、指示他人进入机房、对网络及软件环境进行更改和操作。

第八章 资料、文档和数据安全管理

第三十五条 资料、文档、数据等必须有效组织、整理和归档备案。

第三十六条 禁止任何人员将监控中心内的资料、文档、数据、配置参数等信息擅自以任何形式提供给其他无关人员或向外随意传播。

第三十七条 对于牵涉网络安全、数据安全的重要信息、密码、资料、文档等必须妥善存放。外来工作人员的确需要翻阅文档、资料或者查询相关数据的，应由机房监控中心相关负责人代为查阅，并只能向其提供与其当前工作内容相关的数据或资料。

第三十八条 重要资料、文档、数据应采取对应的技术手段进行加密、存储和备份。对于加密的数据应保证其可还原性，防止遗失重要数据。

（十五）管廊配电间管理制度

第二章　总则

第一条　为保证配电间内设备正常运转，规范操作规程，确保用电安全，特制定本制度。

第三章　适用范围

第二条　本制度适用于公司运营的所有干支线管廊、缆线管廊的配电间管理。

第四章　配电间操作规程

第三条　所有进入配电间的操作人员必须携带特殊工种证持证上岗。

第四条　在进行设备操作、巡检及维修前，必须掌握日常巡检管理制度，必须遵守现场作业的安全规定，遵守低压用电安全规定。

第五条　在配电间内操作、检修及安装必须办理作业票，严格执行操作规程相关要求，不得随意增加或扩大工作范围。

第六条　带电检修作业时要注意人身及设备的安全，不得违规作业。

第七条　停电操作时，须挂上“有人检修、禁止合闸”的警示牌，方可进行工作。

第八条　没经过监控中心的允许禁止对设备动力电源进行断电。

第九条　没经过监控中心的允许严禁进行柜内PLC控制程序的更新、下载或上传。

第十条　拆卸或安装设备模块和元器件时要小心谨慎，严格按照要求操作，以免对其他设备部件造成损伤。

第十一条　打开电控柜门时，严禁使用螺丝刀进行开锁，须用专用设备本体钥匙进行操作。

第十二条　对电气设备进行作业后一定要将柜门锁紧，以防尘土及杂物进入设备内部。

第十三条　严禁针对设备做出无文本制度支持的操作。

第十四条　作业完成后，应及时确认没有工器具材料遗留在设备内部，在不确定设备是否具备送电条件时，要谨慎送电，避免产生次生事故。

第十五条　实习人员和临时参加维护的人员须经安全教育后，在工作负责人指导下，方可进入相应区域和参加指定的工作，工作前应由现场工作负责人介绍电气设备运行情况以及有关安全措施。

第十六条　配电间内除必备的安全用具及消防器材外，严禁堆放物料，更严禁存放易燃易爆及腐蚀性物品。

第五章　安全注意事项

第十七条　进入配电间人员须填写《来访人员登记簿》，登记后方可进行巡检修操作或其他相关工作，操作完成后应及时离开并注销登记。

第十八条 除巡检人员及专业室维护人员外，其他无关人员一律不得进入配电间内，如确需进入应经主管领导批准，并经安全教育后，在监控中心工作人员的指导下，方可进入该区域。

第十九条 配电间内设备设施由专业人员操作，严禁随意开关、操作设备，严禁改变设备连接线，非专业人员未经许可禁止在配电间内进行任何操作。

第二十条 进入配电间的人员禁止携带并存放任何与设备运行无关的物品，尤其是易燃、易爆、腐蚀性、强磁性等对设备正常运行构成威胁的物品。

第二十一条 进入配电间的人员应保持设备房间内的安全和卫生，严禁在设备间内吸烟、吃东西、乱扔杂物。

第二十二条 在突发事件情况下，现场人员应按照突发事件上报流程进行报告。

第二十三条 本专业管理人员对本制度执行情况进行监督，切实确保配电间的安全工作。

（十六）管廊备品、备件管理制度

第一章 总则

第一条 为加强管廊运行期间备品、备件集中统一管理，保证设备的正常维修和检修顺利进行，缩短维修时间，特制定本制度。

第二章 适用范围

第二条 本制度适用于公司运营的所有干支线管廊、缆线管廊日常运维的备品、备件的管理活动。

第三章 职责与权限

第三条 监控中心作为备品备件的归口管理部门，负责备品、备件的入库、保管、发放工作；负责每月月底对备品备件进行盘点；负责对在库备件申报填补；负责对设备备件消耗量的统计，于次月初上交维护部门。

第四条 维护部门负责对申报备件及报废件的确认；负责优化备件品牌及替代件；对监控中心的备件使用情况监督检查；负责到监控中心库房现场查询备品备件情况。

第五条 采购部门根据维护部门上报的采购计划进行采购。

第四章 具体操作办法

第六条 备品、备件申报时统一使用《备品、备件需求计划表》（附表 1），待监控中心主管领导签字确认后，将签字扫描件、电子版原件、纸质版原件报送至维护部门。

第七条 备品、备件的申报需以监控中心为单位在每月的 10 日前统一申报至维护部门，由维护部门确定由别的部门调拨或所有监控中心统一采购。

第八条 维护部门将各监控中心的需用计划收集后，编制《备品、备件采购计划表》（附表 2），维护部门主管领导签字确认后，将签字扫描件、电子版原件、纸质版原件报送至采购部门。

第九条 采购部门根据维护部门上报的采购计划进行采购。

第五章 验收分发入库

第十条 分发入库前维护部门同各个提出备品、备件需用要求的监控中心，依据《备品、备件需用计划表》和《发货单》认真清点所要入库的备品、备件的数量，并检查好备品、备件的规格、型号、质量（合格证），做到数量、规格、品种准确无误，质量完好，配套齐全，并在送货单上签字，如发现不符时，应做好记录，等待相关技术人员验收相符后再分发入库。

第十一条 监控中心工作人员在备品、备件进库时，根据需用计划审批表的审核凭证，现场交接接收，必须按所购物品条款内容、物品质量标准，对备品备件库的备件进行检查验收，并做好入库登记，即《备品、备件入库单》（附表 3）。

第六章　出库

第十二条　备品、备件出库应填写《出库申请单》（附表4），并由监控中心负责人或值班领导签字审批。保管人员要做好记录，领用人需签字确认领出备品备件是否符合使用要求。

第十三条　备品备件出库实行“先进先出、推陈出新”的原则，做到保管条件差的先出，包装简易的先出，易变质的先出。

第十四条　本着“厉行节约，杜绝浪费”的原则发放物品，做到专物专用。

第十五条　领用人不得进入库房，防止出现差错，根据《出库申请单》，由库管员进入库房查询领用的相关备品备件。

第十六条　库管员要做好《库房记录台账》（附表5），并定期向部门主管做出入库报告。

附表 1

备品、备件需求计划表

编号：　　　　　　　　　　　　　　　　　　监控中心名称：　　　　　　　　　　　　　　　　　　提出日期：

序号	名称	规格、型号	数量	单位	需用日期	备注

编制：　　　　　　　　　　　　　　　　　　审核：　　　　　　　　　　　　　　　　　　批准：

日期：　　　　　　　　　　　　　　　　　　日期：　　　　　　　　　　　　　　　　　　日期：

附表 2

备品、备件采购计划表

编号：　　　　　　　　　　　　监控中心名称：　　　　　　　　　　　提出日期：

序号	名称	规格、型号	数量	单位	需用日期	备注

编制：　　　　　　　　　　　　审核：　　　　　　　　　　　批准：

日期：　　　　　　　　　　　　日期：　　　　　　　　　　　日期：

附表 3

备品、备件入库单

编号：　　　　　　　　　　　　监控中心名称：

入库时间	名称	规格型号	入库人	经办人	接收人	备注

入库人：　　　　　　　　　　　　　　　　　　　　库管：

附表 4

出库申请单

监控中心名称：＿＿＿＿＿＿＿＿　　　　使用管廊名称：＿＿＿＿＿＿＿＿

申请日期：＿＿＿＿＿＿＿＿　　　　申请人：＿＿＿＿＿＿＿＿

商品名称	规格型号	单位	数量	单价(元)	金额(元)	出库日期	用途	备注

批准：　　　　　　　　库管：

附表 5

库房记录台账

（　　库记录）

名称	入库时间	入库数量	出库时间	出库数量	剩余数量	领料人	备注

（十七）管廊设备缺陷管理制度

第一章　目的

第一条　加强地下管廊设备缺陷管理，提高管廊设备消缺率和消缺质量，进而提高管廊各类设备的可用率，确保管廊设备安全、可靠运行，特制定本制度。

第二章　各类缺陷名词解释

第二条　设备缺陷：是指设备出现了性能、零部件及消耗偏离原设计标准或规定要求。即出现下列情况之一的，应确认为设备发生了缺陷：

（1）设备或部件的损坏造成管廊设备的被迫停止运行或安全可靠性降低；

（2）管线设备或系统的部件失效，造成渗漏（包括气、水、电等）；

（3）设备或系统的部件失效，造成运行参数长期偏离正常值，接近报警值或频繁报警；

（4）设备或系统的状态指示、参数指示与实际不一致；

（5）由于管廊设备本身或保护装置引起的误报警、误跳闸或不报警、保护拒动；控制系统联锁失去、无原因起动或拒绝起动；

（6）对设备进行定期试验时发现运行值偏离整定值；

（7）对设备进行检验性试验时，发现反映设备整体或局部状态的指标超标，或有非正常急剧变化；

（8）设备或部件的操作性能下降，动作迟缓甚至操作不动；

（9）设备运转时存在非暂时性的异常声响、振动和发热现象。

第三条　暂不能消除缺陷：是指必须在故障管线停用后才能消除的缺陷或没有消缺所必需的备品备件的缺陷或需要进一步观察、分析才能确认的缺陷，且暂时不会对管廊、管线设备、系统或人身安全构成立即的危害，也不会给运行经济性带来严重损失的设备缺陷。

第四条　消缺陷：是指除暂不能消除缺陷外的其他设备缺陷。

第五条　重复发生的设备缺陷：是指主要设备上同一缺陷在一年内重复发生；主要辅助设备上同一缺陷在6个月内重复发生；辅助设备上同一缺陷在2个月内重复发生的缺陷。

第六条　设备缺陷分类：将管廊内日常巡检内容和缺陷共分A、B、C、D四个等级：A级为发现后立即上报监控中心，现场留守，监控中心立即派专业人员现场处理；B级为发现后现场记录并做好标记，上报监控中心，监控中心根据缺陷的种类安排分批次集中处理；C级为发现后现场记录并做好标记，上报监控中心，监控中心安排巡检人员定时观察缺陷的发展情况；D级为发现后巡检人员现场处理。

第三章　过程管理与要求

第七条　缺陷的发现和记录

(1) 以下情形属常见的维护工作，可由问题的发现部门通知相应的维修部门进行处理，不进入缺陷管理程序：照明灯损坏、消防、监控设施损坏、通风设施不能正常运行的。

(2) 巡检人员发现一般缺陷时，在设备缺陷记录本中认真记录。报告管廊监控中心，由其组织维修人员，维修消缺。

(3) 发现重大缺陷时设备操作人员应逐级向维护部门门报告，管廊运营部门应立即联系维修人员到现场处理缺陷。

(4) 维护人员对设备进行定期维护、保洁工作时应注意检查设备状况，对于发现的缺陷，若可以随手消除的应即随手消除，事后进行相应的记录；属不能随手消除缺陷的，应及时记录缺陷并汇报管廊运营部门。

(5) 维护人员发现重大缺陷时，应立即报告管廊运营部门、行政主管部门，由行政主管部门指挥重大紧急缺陷的消除。

(6) 监控中心负责人应按照点检计划对自己管理的设备进行点检并结合对设备状况的综合分析，发现设备缺陷及时记录。

(7) 所有记录的缺陷报告应对设备操作人员、维修人员开放，以便管理和巡检维修。

第八条　一般缺陷的检查确认

(1) 监控中心应及时查看维修部分工范围内本专业新增的和正在处理的缺陷，根据分工将消缺任务安排给相应的维修责任单位，若发现缺陷专业定义错误时应修改专业属性后及时转给其他维修单位。管廊运营部门在接到重复的缺陷单、或经检查没有发现设备存在问题且缺陷现象也已消失时可直接将该部分缺陷判为无效。

(2) 消缺人员对缺陷进行现场检查确认，查清缺陷部件和原因，提出需要配合的工作和对运行的要求。

第九条　消缺后的报告

(1) 接到维修任务后，维修单位应及时安排维修人员消除缺陷。

(2) 消缺工作完成后，消缺工作的负责人应将消缺情况通知设备操作人员。

(3) 维修人员在消缺过程中遇到技术问题时由管廊运营部门与维修单位专工讨论解决；消缺工作需要更换备品或需要对设备进行一些变动时应得到主管领导同意。

第十条　设备缺陷的验收

(1) 设备巡查管理人员应随时了解掌握设备缺陷情况，并将新发现的缺陷、消除的缺陷以及现存的较大缺陷情况作为交接班的重要内容交接清楚。

(2) 设备操作人员在接到维修人员缺陷验收的通知后应及时安排系统恢复和设备试转工作，在验证设备缺陷确已消除后将设备投入运行。

（十八）管廊运行值班管理制度

第一章　总则

第一条　为明确值班人员工作职责，严肃工作纪律，规范运行值班管理，确保管廊安全运行，特制定本制度。

第二章　适用范围

第二条　本制度适用于公司所有管廊运营值班人员。

第三章　管理要求

第三条　管廊单位为运行值班管理部门，对监控中心运行值班工作进行管理、考核。

第四条　各监控中心值班人员上岗前应进行岗前培训，培训合格，经管廊单位领导批准后，方能正式担任值班工作。

第五条　监控中心实行24小时运行三班倒值班制度，工作人员应统一着装，佩戴工作证，当值时不得迟到、早退，或如看报、玩手机等与工作无关的事。

第六条　值班期间，接待客人、接听电话、下达通知和联络工作等，要做到用语规范，态度和蔼，礼貌待客。

第七条　值班期间，每12小时要到关键岗位进行检查一次，并将检查情况在检查台账上做好记录。

第八条　值班期间，值班人员要提高安全意识，负责排查管廊内安全运行等工作。

第四章　值班职责

第九条　门岗值班员值班职责

1.负责管廊和监控中心的安全保卫工作，负责出入车辆及外来人员的检查、登记、询问；

2.对进入监控中心的车辆引导其停放在指定区域；

3.对来访人员或入廊施工单位应通知相关负责人；

4.对紧急情况和突发事件及时上报监控中心主管，妥善处理。

第十条　监控中心值班员值班职责

1.应24小时在岗，不得出现无人值班现象，值班人员不准睡岗，不得酒后值班；

2.密切注视各监视屏及监控平台信息，当从监控大屏发现异常情况时，应启动相关预案立即通知巡查人员和监控中心主管前往调查处理并做好记录；

3.当监控大屏发现各类违法犯罪活动时，应当立即上报监控中心负责人并报警；

4.监控中心实行24小时实时监控，监控资料均属保密，严禁外传，更不准向无关人员说明监控情况。

第五章　交接班管理

第十一条　值班人员严格按照值表值班，一对一交接，交接班双方应对值班记录、存在问题及注意事项认真对接清楚，并填写交接班记录表，必要时应到现场向接班人员交代清楚。如需调班，应提前两天报监控中心主管领导同意后方可调班。

第十二条 交接各岗位在交班前 15 分钟应做好现场卫生清洁，清点工具、钥匙、表簿、备品等，做好当值的值班记录。

第十三条 接班各岗位应提前 15 分钟进入岗位，查看值班记录与清点工具、钥匙、表簿、备品等，了解上一班的值班情况。

第十四条 交接班双方对接完后，在记录表上签字交接，交接人员方可离岗。

第十五条 接班人员未按时到岗接班，交班人员应继续留守岗位，直至与接班者完成交接为止。非应急突发状况值班人员不得连值两个班。

第十六条 在交接班过程中，若遇突发事故，须待处理事件告一段落方可交接，交接人员应协助当值人员工作，服从监控中心主管指挥，如交接班发生异议，由监控中心主管领导协商解决。

（十九）入廊作业规范

第一条 所有施工人员入廊前必须办理登记手续，听从管理人员的安排和指导，经允许后方可进入管廊，施工人员在管廊内只允许从事报备范围内的施工工作。

第二条 作业班（组）在进入管廊前应做好管廊的通风、气体检测以及照明等工作。

第三条 操作人员进入管廊作业时，作业区域至少有 2 名工作人员同时在场，施工现场防火、用电安全、施工机械管理应严格按照相关安全生产规范执行。

第四条 管廊内严禁私自动火，如施工需要，须办理动火申请。

第五条 施工过程中所需材料应自行保管并分类堆放整齐，不得妨碍人员及车辆通行，施工人员离开管廊时，需将施工材料及相关工具带出，不得存放在管廊内。

第六条 入廊施工必须保持管廊的环境整洁，严禁随地吐痰、乱扔垃圾或杂物，施工作业完成后应做好作业区的卫生保洁工作，做到“工完、料净、场清”。

第七条 下列人员不得从事廊内作业：

（一）在经期、孕期、哺乳期的妇女。

（二）有聋、哑、呆、傻等严重生理缺陷者。

（三）患有深度近视、癫痫、高血压、过敏性气管炎、哮喘、心脏病等严重慢性病者。

（四）有外伤疮口未愈合者。

第八条 防护用品

（一）安装人员进入管廊时，必须配备悬托式安全带，其性能必须符合国家标准。

（二）安装人员从事维护作业时，必须戴安全帽和手套，穿防护服和防护鞋。

（二十）土建结构维修保养规程

第一章　总则

第一条　为了加强管廊土建结构维修保养的规范化、制度化，提高管廊维修、保养水平，保障管廊安全可靠运行，特制定本规程。

第二章　适用范围

第二条　本规程适用于公司运营的所有干支线管廊、缆线管廊、管理用房的土建结构维修与保养。

第三章　维修保养

第三条　土建工程维修应结合日常巡检与监测情况开展，以小规模维修为主。

第四条　土建工程保养主要包括管廊卫生清扫、设施防锈处理等。

第五条　土建工程维修与保养应建立维保记录，并定期统计易损耗材备件消耗及其他维修情况，分析原因，形成总结报告。

土建工程主要维修内容

项目	内容	方法
混凝土(砌体)结构	龟裂、起毛蜂窝麻面	砂浆抹平
	缺棱掉角、混凝土剥落	环氧树脂砂浆或高标号水泥及时修补，出现露筋应进行除锈处理后再修复
	宽度大于0.2mm的细微裂缝	注浆处理，砂浆抹平
	贯通性裂缝并渗漏水	注浆处理，涂混凝土渗透结晶剂或内部喷射防水材料
变形缝	止水带损坏、渗漏	注浆止水后安装外加止水带
构筑物及其他设施	门窗、格栅支(桥)架护栏、爬梯，螺丝松动或脱落、掉漆、损坏等	维修、补漆或更换等
管线引进出(入)(出)口	损坏、渗漏水	柔性材料堵塞，注浆等

土建工程保养内容

项目		内容
管廊内部	地面	清扫杂物、保持干净
	排水沟、集水坑	淤泥清理
	墙面及装饰层	清除污点、局部粉刷
	爬梯、护栏、支(桥)架	除尘去污，防锈处理

续表

项目		内容
地面设施	人员出入口	清扫杂物、保持干净通畅
	雨污水检查井口	
	逃生口，吊装口	
	进(排)风口	除尘去污，防锈处理、保持通畅
监控中心		清扫杂物，保持干净
供配电室		

第四章　结构专业检测

第六条　土建工程的专业检测，以结构检测为主，包括渗漏水检测等内容。

第七条　土建工程的专业检测一般应在以下几种情况下进行：

1.经多次小规模维修，结构劣损或渗漏水等情况反复出现，且影响范围与程度逐步增大，应结合具体情况进行专业检测；

2.经历地震、火灾、洪涝、爆炸等灾害事故后，应进行专业检测；

3.受周边环境影响，土建工程产生较大位移，或监测显示位移速率异常增加时，应进行专业检测；

4.达到设计使用年限时，应进行专业检测。

第八条　专业检测应符合以下要求：

1.检测应由具备相应资质的单位承担，并应由具有管廊或隧道养护、管理、设计、施工经验的人员参加；

2.检测应根据管廊建成年限、运营情况、周边环境等制订详细方案，方案应包括检测技术与方法、过程组织方案、检测安全保障、管廊正常运营保障等内容，并提交主管部门批准；

3.专业检测后应形成检测报告，内容应包括土建工程健康状态评价、原因分析、大中修方法建议，检测报告应通过专家评审后提交主管部门。

土建专业检测内容

项目名称		检验方法	备注
裂缝	宽度	裂缝显微镜或游标卡尺	裂缝部位全检、并利用表格或图形的形式记录裂缝位置、方向、密度、形态和数量等因素
	长度	米尺测量	
	深度	超声法、钻去芯样	
结构缺陷检测	外观质量缺陷	目视、尺量和照相	缺陷部位全检，并利用图形记录
	内部缺陷	地质雷达法、声波法和冲击反射法等非破坏损方法，辅以局部破损方法进行验证	结构顶和肩处，3条线连续监测
	结构厚度		每20m(曲线)或50m(直线)一个断面，每个断面不少于5个测点
	混凝土碳化程度	用浓度为1%的酚酞酒精液(含20%的蒸馏水)测定	每20m(曲线)或50m(直线)一个断面，每个断面不少于5个测点
	钢筋锈蚀程度	地质雷达法或电磁感应法等非破坏损方法，辅以局部破损方法进行验证	每20m(曲线)或50m(直线)一个断面，每个断面不少于3个测点

续表

项目名称		检验方法	备注
混凝土强度		回弹、超声回弹综合法、后装拔出法或钻芯法等	每 20m(曲线)或 50m(直线)一个断面,每个断面不少于 5 个测点
横断面测量	结构变形	全站法、水准仪或激光断面仪等测量	异常的变形部位布置断面
	结构轮廓	激光断面仪或全站仪等	每 20m(曲线)或 50m(直线)一个断面,测点间距≤0.5m
	结构轴线平面位置	全站仪测中线	每 20m(曲线)或 50m(直线)一个断面
	管廊轴线高程	水准仪测高程	每 20m(曲线)或 50m(直线)一个测点
差异沉降		水准仪测高程	异常的变形部位
结构应力		应变测量	根据检测仪器施工预埋情况选做
渗漏水检测		感应式水位计或水尺测量集水井容积差,计算流量	测量时需关掉其他水源,每隔 2h 读一次数据

（二十一）排水系统维护保养规程

第一章　总则

第一条　为加强管廊排水系统维护管理，保证排水系统设备正常运行，特制定本规程。

第二章　适用范围

第二条　本规程适用于公司运营的所有干支线管廊、缆线管廊的排水系统维护保养。

第三章　维护保养周期

第三条　每月对排水系统（排水泵、阀门及管道附件、集水坑、排水沟等）进行一次全面维护保养，并将保养情况记录。

第四章　维护保养内容

第四条　泵体

1.检查泵体应无破损、铭牌完好、水流方向指示明确清晰、外观整洁、油漆完好。

2.检查有无渗漏情况，若有漏水应立即进行维修。

3.补充润滑油，若油质变色、有杂质，应予更换。

4.联轴器的联接螺丝和橡胶垫圈若有损坏应予更换。

5.紧固机座螺丝并做防锈处理。

6.转动灵活、无卡壳现象，泵轴与电机轴在同一中心线上。

第五条　阀门、管道、附件

1.阀门开闭灵活，无卡阻现象，关闭严密、内外无漏水。

2.管道及各附件外表整洁美观，无裂纹，油漆完整无脱落。

3.压力表指针灵活，指示准确、表盘清晰，位置便于观察，紧固良好，表阀及接头无渗水。

第六条　集水坑、排水沟

1.定期清掏集水坑内淤泥杂物，防止水泵卡死、排水管堵塞。

2.定期清扫管廊内排水沟，保证排水畅通无阻。

第七条　控制柜、开关

1.断开控制柜总电源，检查各转换开关，启动、停止按钮动作应灵活可靠。

2.检查柜内空气开关、接触器、继电器等电器是否完好，紧固各电器接触线头和接线端子的接线螺丝。

3.水位信号反馈正常，高、低水位时水泵能够正常动作，监控中心内能够正常显示水位状态和水泵的运行状态。

（二十二）高低压供配电系统维护保养规程

第一章　总则

第一条　为加强管廊日常供配电设备安全管理，维护电力系统稳定、经济运行，防止事故的发生，特制定本规程。

第二章　适用范围

第二条　本规程适用于公司运营的管廊景观式箱变和低压配电柜的日常养护。

第三章　职责

第三条　高低压供配电系统日常维护工作由维护部门统一制定维护计划，提前一周向各监控中心公示，并严格按照计划执行。

第四条　每次维护应严格按照维护保养记录表内的内容进行维护保养，每次保养形成记录。

第四章　养护频率

<table>
<tr><td rowspan="3">变压器</td><td>1.变压器温度正常</td><td rowspan="2">2次/周</td></tr>
<tr><td>2.变压器运行声音、气味无异常</td></tr>
<tr><td>3.变压器接地、引线接头接触正常，无杂物</td><td>4次/年</td></tr>
<tr><td rowspan="3">高压柜</td><td>1.高压柜箱体无杂物，指示灯完好无损</td><td>2次/周</td></tr>
<tr><td>2.高压柜箱内接线端子、接头无松脱和异常声响、气味</td><td>2次/周</td></tr>
<tr><td>3.高压柜断路器正常</td><td>4次/年</td></tr>
<tr><td rowspan="3">低压柜</td><td>1.低压柜箱体无杂物，指示灯完好无损</td><td rowspan="3">2次/周</td></tr>
<tr><td>2.低压柜箱内接线端子、接头无松脱，无异常声响、气味</td></tr>
<tr><td>3.低压柜电压、电流正常</td></tr>
</table>

第五章　10kV高压配电系统维护保养记录

<table>
<tr><td>景观式箱变所属区域</td><td></td><td>配电柜名称</td><td></td><td colspan="2">配电柜数量</td></tr>
<tr><td>保养项目</td><td colspan="4">保养内容</td><td>判定</td></tr>
<tr><td rowspan="2">外观</td><td colspan="4">铭牌标示完好、清晰；内外各部（含附件）无积尘；断路器位置指示正确；信号灯指示正确、功能正常；仪表显示正常；元器件无异常松动；工作时无异常声音；器件工作温度正常；无过热、锈蚀、变色现象</td><td></td></tr>
<tr><td colspan="4">防护外壳完好，门能闭锁；柜体表面涂层无污染、破损</td><td></td></tr>
<tr><td rowspan="2">断路器、接线</td><td colspan="4">紧固断路器、隔离开关、接触器、继电器一、二次接线，应无松动、破损、过热、锈蚀、变色现象；线缆绝缘可靠</td><td></td></tr>
<tr><td colspan="4">紧固各接头螺栓，螺栓或垫片若有锈蚀应更换，连接处涂抹导电脂</td><td></td></tr>
</table>

续表

保养项目	保养内容	判定
避雷器、接地	检查避雷器和防雷接地，架构接地应良好	
绝缘电阻测定用 2500 伏特兆欧表	一次侧：相与相__________兆欧，相对地__________兆欧 二次侧：相与相__________兆欧，相对地__________兆欧	
仪表	各仪表完好，指示正常	
直流电源屏	电池外观无损、无泄漏、容量正常；记录、报警、通信正常	
微机保护	运转正常、测试可靠，参数显示与仪表一致	
问题及处理结果：		
保养后运行 72 小时的情况：		
保养人：　　年　月　日	验证人：　　年　月　日	

注：每年分别进行一次保养。保养时严格执行有关安全操作规程；合格在“判定”栏“打√”，不合格打“×”，并在“问题及处理结果”栏详细记录。

第六章　低压配电系统维护保养记录

景观式箱变所属区域		配电柜名称		配电柜数量	
保养项目	保养内容				判定
外观	铭牌标示完好、清晰；内外各部（含附件）无积尘；断路器位置指示正确；信号灯指示正确、功能正常；仪表显示正常；元器件无异常松动；工作时无异常声音；器件工作温度正常；无过热、锈蚀、变色现象				
	防护外壳完好，门能闭锁；柜体表面涂层无污染、破损				
断路器、接线	紧固断路器、隔离开关、接触器、继电器一、二次接线、端子排，应无松动、破损、过热、锈蚀、变色现象；线缆绝缘可靠；线号管、色标完整				
	紧固各接头螺栓，螺栓或垫片若有锈蚀应更换				
防火封堵	防火封堵良好无破损、无脱落				
避雷器、接地	检查浪涌接地良好				
仪表	各仪表完好，指示正常				
显示仪表	运转正常、测试可靠，参数显示与仪表一致				
问题及处理结果：					
保养后运行 72 小时的情况：					
保养人：　　年　月　日	验证人：　　年　月　日				

注：每年分别进行一次保养。保养时严格执行有关安全操作规程；合格在“判定”栏“打√”，不合格打“×”，并在“问题及处理结果”栏详细记录。

（二十三）通风系统维护保养规程

第一章　总则

第一条　为加强管廊通风系统维护管理，确保管廊通风设施处于良好技术状态，特制定本规程。

第二章　适用范围

第二条　本规程适用于公司运营的所有干支线管廊、缆线管廊的通风系统维护保养。

第三章　维护保养要求

第三条　维护工必须经过专业技术培训，考核合格并取得资格证后持证上岗。

第四条　对排风系统每月检查维护一次，检查维护记录在检查记录表中，定期安排大修周期，但至少一年检修一次。

第四章　维护保养内容

第五条　检查风机机组、风阀的防腐处理，对于露点进行补漆。

第六条　检查并紧固各地脚螺栓，检查并紧固叶片组的背帽和各紧固螺栓、校验机体水平度。

第七条　清扫机组、叶片、风机控制电箱等位置的积尘。

第八条　检查风机轴承部件，视情况进行调整同心度或添加润滑剂情况严重更换风机轴承。

第九条　检查、调整叶顶与风筒的间隙以及调整叶片的角度，整个叶轮作静平衡校验。

第十条　检查各润滑部位的油位、油质情况，视情况加油或更换。

第十一条　检查、调整风阀开启度，定期对风阀进行外观保养及开关阀弹簧的润滑保养，保证风阀能够开启灵活，关闭严密。

第十二条　检查风机配电柜内线路配接情况及各电气元件，紧固各接线端子。与监控系统联动检查风阀的反馈信号是否正确，检查风机“就地/远程”两种控制模式能够正常使用。

(二十四) 照明系统维护保养规程

第一章　总则

第一条　为加强管廊日常照明系统安全管理，保证照明系统稳定运行，防止事故的发生，特制定本规程。

第二章　适用范围

第二条　本规程适用于公司运营的所有干支线管廊、缆线管廊内的照明维护。

第三章　照明分类

第三条　管廊内的照明分为：正常照明、应急照明、疏散应急照明、消防应急照明、防爆照明五类。其中防爆照明分为：防爆正常照明、防爆应急照明、防爆疏散照明、防爆消防照明。

第四条　为方便日常检修保养，将照明系统分为三类：管廊照明类、消防照明类、防爆照明类：

1. 管廊照明类为管廊内所有照明用 LED 日光灯；
2. 消防照明类为管廊内疏散指示灯和消防应急照明灯；
3. 防爆照明类为管廊燃气舱内的所有灯具。

第四章　维护检查内容

序号	类别	名称	检查内容	维护措施
1	管廊照明类	LED 日光灯	外表面损坏	零配件更换、整灯更换
			灯具不亮	检查原因并归类、定期集中处理
			光源频闪	检查原因并归类、定期集中处理
			整个回路或成片区灯具不亮、光源频闪	检查线路、直接修复
2	消防照明类	疏散指示灯	外表面损坏	零配件更换、整灯更换
			灯具不亮	检查原因并归类、定期集中处理
			光源频闪	检查原因并归类、定期集中处理
			整个回路或成片区灯具不亮、光源频闪	检查线路、直接修复
		安全出口灯	外表面损坏	零配件更换、整灯更换
			灯具不亮	检查原因并归类、定期集中处理
			光源频闪	检查原因并归类、定期集中处理
			整个回路或成片区灯具不亮、光源频闪	检查线路,直接修复
			灯具脱落	重新固定,直接修复
		消防应急灯	外表面损坏	零配件更换、整灯更换
			充电指示灯不亮	直接更换、修复被更换灯具备用
			演练时应急灯具不亮	直接更换、修复被更换灯具备用
			灯具脱落	重新固定,直接修复
			整个回路或成片区灯具不亮、光源频闪	检查线路,直接修复

续表

序号	类别	名称	检查内容	维护措施
3.1	防爆照明类	防爆照明灯	外表面损坏	立即将整个防火分区和相邻防火分区的照明回路断开,关闭防火门,打开整个防火分区和相邻防火分区风机进行同分,然后整灯更换
			整个回路或成片区灯具不亮、光源频闪	立即将整个防火分区和相邻防火分区的照明回路断开,关闭防火门,打开整个防火分区和相邻防火分区风机进行同分,然后进行检查修复
		防爆疏散指示灯	外表面损坏	立即将整个防火分区和相邻防火分区的照明回路断开,关闭防火门,打开整个防火分区和相邻防火分区风机进行同分,然后整灯更换
3.2	防爆照明类	防爆疏散指示灯	整个回路或成片区灯具不亮、光源频闪	立即将整个防火分区和相邻防火分区的照明回路断开,关闭防火门,打开整个防火分区和相邻防火分区风机进行同分,然后进行检查修复
		防爆安全出口灯	外表面损坏	立即将整个防火分区和相邻防火分区的照明回路断开,关闭防火门,打开整个防火分区和相邻防火分区风机进行同分,然后整灯更换
			整个回路或成片区灯具不亮、光源频闪	立即将整个防火分区和相邻防火分区的照明回路断开,关闭防火门,打开整个防火分区和相邻防火分区风机进行同分,然后进行检查修复
		防爆消防应急灯	外表面损坏、演练时应急灯具不亮、充电指示灯不亮	立即将整个防火分区和相邻防火分区的照明回路断开,关闭防火门,打开整个防火分区和相邻防火分区风机进行同分,然后整灯更换
4	智能照明	智能照明控制面板	就地不能操作	断电检查线路,线路没有问题先更换开关面板,然后维修,旧的备用
		控制中心操作	控制中心不能正常启动	断开照明回路,检查线路,检查 ACU 处照明的通信是否正常,直接进行维修
		应急演练	应急状态下灯具不能正常操作	断开照明回路,检查线路,检查 ACU 处照明的通信是否正常,直接进行维修
5	线路	接地	接地线脱落	直接恢复
		软管	软管接头脱落	更换接头
			软管破损	更换软管
		接线盒	接线盒、盒盖脱落	直接恢复
		线路电阻	线路电阻过低	择期更换线路
		照明回路空开	跳闸	检查线路,择期修复

（二十五）消防系统维护保养规程

第一章　总则

第一条　为保证管廊内消防系统的正常使用，确保应急状态下正常启动，特制定本规程。

第二章　适用范围

第二条　本规程适用于城市管廊火灾自动报警及消防系统的维护保养管理。

第三章　一般要求

第三条　从事管廊消防设施维修、保养的人员，应当通过消防行业特有工种职业技能鉴定，持有技师以上等级职业资格证书。

第四条　值班、巡查、检测、灭火演练中发现管廊消防设施存在问题和故障的，相关人员应填写《管廊消防设施故障维修记录表》，并向单位消防安全管理人报告。

第五条　单位消防安全管理人对管廊消防设施存在的问题和故障，应立即通知维修人员进行维修。维修期间，应采取确保消防安全的有效措施。故障排除后应进行相应功能试验并经单位消防安全管理人检查确认。维修情况应记入《管廊消防设施故障维修记录表》。

第六条　管廊消防设施维护保养应制定计划，列明消防设施的名称、维护保养的内容和周期。

第七条　实施管廊消防设施的维护保养时，应填写《管廊消防设施维护保养记录表》并进行相应功能试验。

第八条　对易污染、易腐蚀生锈的消防设备、管道、阀门应定期清洁、除锈、注润滑剂。

第九条　点型感烟火灾探测器应根据产品说明书的要求定期清洗、标定；产品说明书没有明确要求的，应每两年清洗、标定一次。可燃气体探测器应根据产品说明书的要求定期进行标定。火灾探测器、可燃气体探测器的标定应由生产企业或具备资质的检测机构承担。承担标定的单位应出具标定记录。

第十条　干粉等灭火剂应按产品说明书委托有资质单位进行包括灭火性能在内的测试。其他类型的消防设备应按照产品说明书的要求定期进行维护保养。

第十一条　对于使用周期超过产品说明书标识寿命的易损件、消防设备，乙级经检查测试已不能正常使用的灭火探测器、灭火剂等产品设备应及时更换。

第四章　消防系统维护保养

第十二条　日检：

每日应检查火灾报警控制器的功能，并按《管廊消防设施巡查记录表》的要求填写相应的记录。

第十三条　月检：

每季度应检查和试验火灾自动报警系统的下列功能，并按《管廊消防设施巡查记录表》的要求填写相应的记录。

1.试验火灾警报装置的声光显示；

2.对主电源和备用电源进行1～3次自动切换试验；

3.用自动或手动检查消防控制设备的控制显示功能：

(1) 干粉、超细干粉等灭火系统的控制机构是否有锈蚀；

(2) 抽验电动防火门、防火卷帘门，数量不小于总数的25%；

(3) 火灾应急照明与指示标志的控制装置；

(4) 送风机、排烟机的控制设备。

4.应抽取不小于总数25%的消防电话和电话插孔在消防工作站进行对讲通话试验。

第十四条 年检：

每年应检查和试验火灾自动报警系统下列功能，并按《管廊消防设施巡查记录表》的要求填写相应的记录。

1.应用专用检测仪器对所安装的全部探测器和手动报警装置试验至少1次；

2.自动和手动打开排烟阀；

3.对全部电动防火门、防火卷帘的试验至少1次；

4.强制切断非消防电源功能试验；

5.对其他有关的消防控制装置进行功能试验。

第五章 消防设备维护保养

第十五条 烟感维护保养。

月度抽取总烟感数的5%，用冷烟测试烟感报警，试验烟感的灵敏度，应该全部合格，若其中有一个不合格，则应另外抽取总数的10%试验，直至全部合格为止。检查烟感报警功能是否正常。对因漏水而危及烟感及其电路的地方，应及时进行特别检查。

第十六条 防火卷帘维护保养。

1.手控检查，检查门轨、门扇外观有无变形、卡阻现象，手动按钮箱是否上锁，卷帘门的电控箱指示信号是否正常，箱体是否完好；打开按钮箱门，按动向上（或向下）按钮，卷帘门应上升（或下降），在按钮操作上升（或下降）过程中，操作人员应密切注意卷帘门上升（或下降）到端部位置时能否自动停车，若不能，应迅速手动停车，且必须待限位装置修复（或调整）正常后方可重新操作。

2.自检检查，用冷烟测试安装防火卷帘的防火分区内任意两个烟感，报警装置将发出报警信号，同时自动启动卷帘门电控系统下滑关闭卷帘门；

3.防火卷帘关闭后，只有待烟感信号消除，或复位按钮复位后方可重新开启卷帘门；

4.监控中心远程操作检查，检查监控中心信号指示是否正常；对防火卷帘进行清扫除尘，若有油漆脱落及局部变形的地方，要进行修复，确保防火卷帘外观清洁美观；检查防火卷帘提示标识是否完整；对防火卷帘控制箱自检按钮、故障报警消声键、复位键进行专门检查；紧固各类线缆接头，清洁防火分区接线端子箱、消防配电箱内的灰尘，检查箱内电气元件是否齐备。

第十七条 消防应急灯具维护保养。

1.检查疏散指示灯、安全出口指示灯的玻璃面板有无划伤或破裂现象。

2.消防应急灯具断开交流电源时，应急电源持续供电不小于60分钟，启动时间不大于5秒。则检查修复；检查灯具安装是否牢固可靠；清洁灯箱外壳及显示屏表面；定期清洁消防楼道应急灯。

第十八条 干粉灭火器维护保养。

检查压力表指针是否在正常压力位置，检验标识是否在有效期内；取下灭火器上下翻动几次，使粉筒内干粉抖松；检查灭火器存放在干燥通风的地方，环境温度应在10～45℃；检查插销是否生锈；正常情况下，手提干粉灭火器出厂期满5年进行维修，首次维修后，每两年进行一次维修，报废期为10年。过期的灭火器应及时更换；检验合格后，张贴合格证。

第十九条 超细干粉灭火系统维护保养。

1.每月应对灭火系统进行两次检查，检查内容应符合下列规定：

(1) 灭火装置及火灾报警控制系统组件，不得发生移位、损坏和腐蚀，保护层完好。

(2) 贮压悬挂式超细干粉灭火装置压力指示器应指示在绿色区域内。

2.每年至少对灭火系统进行一次全面检查。检查的内容和要求除按月检的规定外，尚应符合下列规定：

(1) 灭火装置安装支架的固定，应无松动。

(2) 对灭火系统进行一次模拟自动启动试验。

第二十条 防火封堵维护保养。

每个季度对防火封堵进行一次检查。通过外观检查，防火封堵材料表面应无明显缺口、裂缝和脱落现象，并应保证防火封堵组件不脱落。否则，则应该组织相关维修人员进行维修处理。

第六章 附录

附录A 管廊消防设施故障维修记录表。

附录B 管廊消防设施维护保养计划表、管廊消防设施维护保养记录表。

附录 A

管廊消防设施故障维修记录表

附表 A

序号：

故障情况				故障维修情况						故障排除确认
发现时间	发现人签名	故障部位	故障情况描述	是否停用系统	是否报消防部门备案	安全保护措施	维修时间	维修人员（单位）	维修方法	

注 1："故障情况"由值班、巡查、检测、灭火演练时的当事者如实填写；

注 2："故障维修情况"中因维修故障需要停用系统的由单位消防安全责任人在"是否停用系统"栏签字；停用系统超过 24 小时的，单位消防安全责任人在"是否报消防部门备案"及"安全保护措施"栏如实填写；其他信息由维护人员（单位）如实填写；

注 3："故障排除情况"由单位消防安全管理人在确认故障排除后如实填写并签字；

注 4：本表为样表，单位可根据管廊消防设施实际情况制表。

附录 B

管廊消防设施维护保养计划表 **附表 B.1**

序号： 日期：

<table>
<tr><th>序号</th><th colspan="2">检查保养项目</th><th>保养内容</th><th>周期</th></tr>
<tr><td rowspan="3">1</td><td rowspan="3">超细干粉灭火系统</td><td>灭火剂存储罐外观清洁</td><td>擦洗，除污</td><td>1个月</td></tr>
<tr><td>灭火剂存储罐表面无掉漆</td><td>补漆</td><td>半年</td></tr>
<tr><td>灭火剂存储罐压力符合要求</td><td>测试，检查，紧固</td><td>半年</td></tr>
<tr><td rowspan="2">2</td><td colspan="2">管道</td><td>补漏，除锈，刷漆</td><td>半年</td></tr>
<tr><td colspan="2">喷头</td><td>擦灰、除锈、防止堵塞</td><td>1个月</td></tr>
<tr><td colspan="5">备注：</td></tr>
<tr><td colspan="5">注 1：本表为样表，单位可根据消防设施的类别，分别制表，如消火栓系统维护保养计划表、自动喷水灭火系统维护保养计划表、气体灭火系统维护保养计划表等；
注 2：保养内容应根据设施、设备使用说明书，以及国家有关标准，结合单位自身使用情况，综合确定；
注 3：保养周期应根据设施、设备使用说明书，结合安装场所环境以及国家有关标准，综合确定。</td></tr>
</table>

消防安全责任人或消防安全管理人（签字）： 制订人： 审核人：

管廊消防设施维护保养记录表 **附表 B.2**

序号： 日期：

<table>
<tr><td rowspan="2">设备名称</td><td rowspan="2">超细干粉灭火系统</td><td>喷头</td><td></td></tr>
<tr><td>灭火剂存储罐</td><td></td></tr>
<tr><td>保养项目</td><td colspan="3">保养完成情况</td></tr>
<tr><td>擦洗，除污</td><td colspan="3"></td></tr>
<tr><td>补漆</td><td colspan="3"></td></tr>
<tr><td>测试，检查，紧固</td><td colspan="3"></td></tr>
<tr><td>系统压力</td><td colspan="3"></td></tr>
<tr><td>输送管道</td><td colspan="3"></td></tr>
<tr><td>备注：</td><td colspan="3"></td></tr>
<tr><td colspan="4">注 1：本表为样表，单位可根据制定的管廊消防设施维护保养计划表确定的保养内容分别制表；
注 2：保养人员或单位应如实填写保养完成情况；
注 3：保养作业完成后，应作相应功能试验并确保试验正常；遇有故障，应及时填写《管廊消防设施故障维修记录表》。</td></tr>
</table>

消防安全责任人或消防安全管理人（签字）： 保养人： 审核人：

（二十六）监控系统维护管理规程

第一章　总则

第一条　为保证综合管廊弱电系统的正常运行，延长设备使用寿命，特制定本规程。

第二章　适用范围

第二条　本规程适用于城市管廊的弱电系统维护。

第三章　维护技术要求

第三条　监控系统的维护主要由监控中心机房、视频监控、廊内监控设备、传输线路、通信系统，计算机与网络这六部分组成，具体维护要求详见附表：

附表 1：监控中心机房设备维护保养表；

附表 2：视频监控设备维护保养表；

附表 3：廊内监控设备维护保养表；

附表 4：传输线路维护保养表；

附表 5：通信系统维护保养表；

附表 6：计算机与网络系统维护保养表。

监控中心机房设备维护保养表 **附表 1**

序号	维护项目	维护要求	周期	备注
1	值班制度	24 小时值班。每日检查机房内各类设备的工作状态，并按规定填写工作日志	日	轮流倒班
2	监测与报警	实施监测，有异常情况时能要求发出声光等报警信号	日	观察报警设备工作状态
3	机房环境	环境整洁，通风散热良好，温度 19～28℃，相对湿度 40%～70%	日	清理、保持
4	公用设施	配置齐全、功能完好，满足维护工作要求，消防器材须经检查有效并定制管理	月	检查、补充
5	交流供电	供电可靠，电气特性满足监控、通信等系统设备的技术要求	季	检查、测量
6	Ups 电源	性能符合电子设备供电要求，容量和工作时间满足系统运用要求	月	测量、记录
7	设备接地	按相关规范和工程设计文件要求可靠接地	季	测试
8	接地电阻	接地电阻测试仪进行测试不大于 1Ω	年	测试

视频监控设备维护保养表 **附表 2**

序号	项目	技术要求	周期	备注
1	图像质量	主观评价按五级损伤制评定，不低于 4 级	日	观察
2	摄像机视距	不大于 50m	月	观察、调整
3	录像功能	录像功能正常，图像信息存储时间不小于 30 天	月	客户端操作
4	变焦功能	功能正常，摄像机镜头的变焦时间≤6.5s	月	试验、观察
5	切换功能	视频切换正确	日	试验
6	移动侦测布防功能	布防、撤防操作正常，移动物体进入布防范围，报警触发	月	试验
7	摄像机	工作正常，除尘、防潮、防震动、防干扰功能有效，安装	季	清洁、加固
8	编解码器	工作正常	季	观察指示灯，检查工作状态
9	接地电阻	接地电阻测试仪进行测试不大于 1Ω	年	接地电阻测定仪测试

廊内监控设备维护保养表 **附表3**

序号	项目	维护要求	周期	备注
1	ACU箱	安装牢固,外观无锈蚀,变形	季	外观检查
2	PLC设备	工作状态正常,性能和特性应符合管廊的要求	季	测试
3	传感器	工作正常	月	测试
4	人孔井盖	监控中心对井盖状态检测及开/关控制功能完好:开/关机械动作顺滑,无明显滞阻;手动开启(逃生)功能完好	月	试验,监控中心远程监视;本地开关测试
5	UPS电源	输出特性指标应符合PLC、传输等设备的供电技术要求	月	测量、记录
6	设备接地	接地电阻测试仪进行测试不大于1Ω	年	测试
7	检测与报警	现场状态异常时必须发出警报信号,并自动启动相应程序	月	测试

传输线路维护保养表 **附表4**

序号	项目	维护要求	周期	备注
1	光电缆敷设	光、电缆及光电缆的接头盒必须载管廊内的架桥上绑扎牢固	周	观察
2	光缆全程衰耗	应≤"光缆衰减常数×实际光缆长度+光缆固定接头平均衰减×固定接头数+光缆活接头衰减×活接头数"	年	OTDR测试
3	光缆接头衰耗	平均衰耗应≤0.12dB(双向测,取平均值核对)	年	OTDR测试
4	电缆绝缘	a/b芯线间及芯线与地间的绝缘电阻应≤3000MΩ/km	年	绝缘电阻测试仪抽测
5	直流环阻	电缆芯线的直流环阻应符合设计要求	年	直流电桥抽测10%芯线
6	不平衡电阻	电缆线路不平衡电阻不大于环阻的1%	年	直流电桥抽测10%芯线
7	防雷接地	接地电阻测试仪进行测试不大于1Ω	年	绝缘电阻测试仪抽测10%芯线
8	挂(吊)牌	保持标号清晰	月	观察

通信系统维护保养表 **附表5**

序号	项目	维护要求	周期	备注
1	性能和功能	工作正常，满足监控等系统的业务要求	日	主机操作
2	网络安全	符合工程设计的规定，告警功能完好	日	系统日志检查
3	通话质量	通信正常，通话清晰	月	测试
4	IP地址应用	符合系统运用要求	季	检查、核对
5	无线基站	发射功率和接收灵敏度应符合系统要求	季	测试
6	电台	基地台、手持台的发射功率和接收灵敏度应符合设计要求	季	测试
7	天馈系统	驻波比应符合设计要求	季	用通过式功率计测试
8	设备接地	接地电阻测试仪进行测试不大于1Ω	年	接地电阻测试仪测试

计算机与网络系统维护保养表 **附表6**

序号	项目	维护要求	周期	备注
1	网络安全	防火墙、入侵检测、病毒防治等安全措施可靠，网络安全策略有效；使用正版或经评审（验证）的软件；不得运行与工程无关的程序	季	运行日志检查、病毒清理、系统安全加固
2	系统维护	经授权后方可按有关设计文件、说明说或操作手册要求维护，并予以记录	实时	安装补丁、升级包
3	服务器	功能完好、工作可靠；CPU利用率小于80%，硬盘空间利用率小于70%，硬盘等备件可用	月	磁盘扫描、整理；进程监测、日志查看
4	工作站	性能良好、工作正常；打印机等外设配置满足使用和管理要求且工作正常	日	系统自检、各种功能测试
5	存储设备	备份数据的存储应采用只读方式；存储容量满足使用要求，介质的空间利用率宜小于80%；宜有操作系统和数据库等系统软件的备份；监控计算机的功能、数据存储空间应满足使用要求	月	查看资源的利用率，系统运行日志
6	软件系统	系统软件的安全级别应符合现行国家标准《计算机信息系统安全保护登记划分准则》GB 17859的有关规定，管理功能完备	实时	系统检查、安装补丁、升级包
7	接地电阻	接地电阻测试仪进行测试不大于1Ω	年	接地电阻测试仪测试

（二十七）计算机信息系统维护规程

第一章　总则

第一条　为保证管廊的计算机信息系统的正常高效运转，特制定本规程。

第二章　适用范围

第二条　本规程适用于公司运营的所有管廊的计算机信息系统与网络设备的维护管理。

第三章　计算机系统分类

第三条　计算机信息系统由计算机与网络由硬件装置和软件系统组成。

1. 硬件包括：服务器、通信机、工作站、网络交换机、网络路由器、网络布线、存储设备等。

2. 软件系统由系统软件和应用软件组成。

第四章　硬件维护

第四条　应定期检查硬件系统设备，如：线缆、接插件等，并作运行记录。

第五条　定期测试计算机系统的功能同时进行保洁、除尘等工作，保证计算机的高速运转。

第六条　及时做好数据备份和保存工作。

第七条　定期检测各种设备的避雷器和接地装置。

第八条　用操作系统的专用工具或专门软件工具定期检查存储设备的可用空间及碎片空间。

第九条　用操作系统的专用工具或专门软件工具检查通信机通信端口工作状态。

第十条　用操作系统专用工具或者专门软件工具检查数据存储设、备份和恢复数据。

第十一条　用专用计算机网络测试仪器，检查网络布线和设备的数据传输质量（传输速率和误码率）。

第五章　软件维护

第十二条　系统软件和杀毒软件应及时升级与补丁；

第十三条　数据库系统软件状态的分析；

第十四条　软件的维护、升级应满足管理和使用的需求，应用软件升级、功能扩充时应采用模块化结构；

第十五条　及时做好数据备份和保存工作，并定期查看应用软件的日志。

第十六条　可用系统软件提供的功能和应用软件使用说明，测试系统软件各项功能，分析是否满足管廊日常使用要求。

第十七条　及时下载系统及平台应用软件的相关补丁程序，在单机上测试稳定后进行全面安装。

第十八条 对于系统运行缓慢，常常死机等严重问题，需请示软件维护部门领导，进行系统重装。

第十九条 通过应用软件的日志记录，检查应用软件运行状况。

第二十条 出现软件不能继续使用，应该进行软件重装。

第六章 主要维护项目和周期

计算机信息系统维护主要包括主机系统定期维护、数据库系统定期维护、安全管理定期维护、病毒防范定期维护四项主要内容，按照不同的项目分别进行日、周、月、年四级维护保养。具体维护项目和维护周期详见附表。

附表 1：主机维护项目和周期；

附表 2：数据库维护项目和周期；

附表 3：安全管理维护项目和周期；

附表 4：病毒防范维护项目和周期。

主机维护项目和周期　　　　**附表 1**

序号	项目	周期	备注
1	服务器物理运行状况	日	观察
2	服务系统日志检查	日	事件、安全查看器、审计分析器
3	应用系统运行状况	日	测试
4	网络连接	日	测试
5	服务器、后台服务启动情况	周	查看
6	服务器用账号、权限检查	周	查看
7	系统运行状况报告	周	提交报告
8	操作系统补丁升级	月	升级分析
9	服务器口令更改	月	安全策略模板
10	服务器外设查看	月	光驱、USB 接口、其他接口
11	主机系统扫描	月	全面评估报告
12	年度报告	年	提交全面分析报告

数据库维护项目和周期 **附表 2**

序号	项目	周期	备注
1	检查数据库报务器物理运行状况	日	系统查看
2	服务日志	日	查看
3	数据库日志	日	分析查看
4	服务器、后台服务开启	日	审计记录
5	用户账号、权限	周	审计
6	用户口令	周	更改、策略模板
7	增量备份	周	备份管理系统
8	应用系统运行状况报表	周	数据库访问分析
9	数据库系统检测	随时	补丁升级
10	全备份	月	数据全备份
11	系统备份	季	服务系统全备份
12	年度报告	年	全面分析报告

安全管理维护项目和周期 **附表 3**

序号	项目	周期	备注
1	检查网络管理平台	日	网管软件或工具
2	检查入侵检测	日	掌握系统安全状况
3	检查防火日志	日	了解重大安全事件
4	IP 地址管理	日	宜采用专门软件，及时进行 IP 地址测试，检测非法用户
5	检查重要服务器安全审计	周	查看
6	检查中心路由器日志	周	查看
7	检查查看网络访问策略	月	查看
8	远程访问报告	月	查看
9	对外访问报告	月	查看
10	网络安全评估	季	服务器、工作站、其他设备
11	年度报告	年	全面总结

病毒防范维护项目和周期 **附表 4**

序号	项目	周期	备注
1	桌面、服务器及控制台病毒报警	日	查看控制台
2	桌面病毒代码日期显示	日	查看控制台
3	日志查看	日	查看控制台
4	病毒服务器运行状况	日	观察
5	查看病毒公告	日	上网游览
6	内部病毒公告提示	口	发送邮件
7	抽查桌面机器病毒状况	周	到桌面机器处观察
8	每周报表统计	周	控制台
9	查看相关安全系统日志	周	防火墙、入侵检测
10	月度报告	月	系统运行情况
11	病毒重点用户培训	月	重点用户病毒防范意识
12	防病毒软件引擎升级	年	测试
13	年度报告	年	全面总结

(二十八) 入廊作业相关流程

入廊流程图

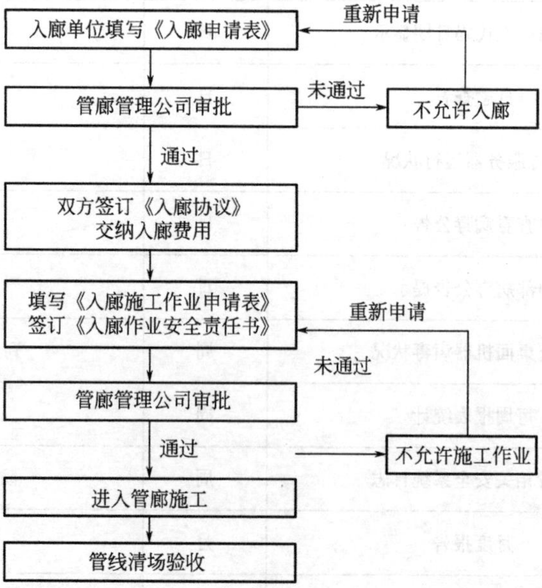

入廊申请表

项目名称			
申请单位名称		法人代表	
申请单位地址		经办人及电话	
计划施工起讫期			
管线类型		管线型号	
孔数	长度(m)	入廊路段及范围	
申请单位	年 月 日(盖章)		
管廊管理公司意见	年 月 日(盖章)		

注：1. 此表一式三份，申请单位一份，管廊管理公司二份。

2. 申请单位有效的营业执照 A4 复印件 1 份（需加盖申请单位公章）。

3. 经办人的身份证（正反面）A4 复印件 1 份（需加盖申请单位公章）。

4. 经办人授权委托书原件 1 份（需加盖申请单位公章）。

入廊施工作业申请表

项目名称			
申请单位名称			
施工负责人及电话		作业人数	
作业地点		作业时间	
是否有 动火作业		是否已办理 动火安全作业证	
主要作业内容特点			
主要安全注意事项			
申请单位	年　月　日(盖章)		
管廊管理公司意见	年　月　日(盖章)		

注：1. 动火作业需另行办理动火安全作业证。

2. 此表后附管线施工图纸、施工方案、施工安全责任书等资料。

3. 此表一式三份，申请单位一份，管廊管理公司二份。

动火作业申请表

表格编号		申请作业单位	
作业项目			
作业路段		动火等级	□特级 □一级 □二级
动火地点		动火负责人	
动火作业人		监护人	

作业内容描述：

有效期：从 年 月 日 时 分 到 年 月 日 时 分

动火作业类型：□焊接 □气割 □切削 □燃烧 □明火 □研磨 □打磨 □钻孔 □破碎 □锤击 □使用内燃发动机设备 □使用非防爆的电气设备 □其他特种作业 □其他

可能产生的危害：□爆炸 □火灾 □灼伤 □烫伤 □机械伤害 □中毒 □辐射 □触电 □泄漏 □窒息 □坠落 □落物 □掩埋 □噪声 □其他

序号	安全措施	确认人
1	作业前安全教育，对作业人员进行安全告知、技术交底 教育人： 受教育人：	
2	监护人（ ）已到位	
3	动火点周围水井、地沟、电缆沟等已清除易燃物，并已采取覆盖、铺沙等方式进行隔离	
4	个人防护用品配备齐全	
5	已采取防火花飞溅措施	
6	动火点周围易燃物已清除	
7	电焊回路线已接在焊件上，把线未穿过下水井或其他设备搭接	
8	乙炔气瓶（直立放置）与氧气瓶间距大于 5m，配有防倾倒装置，气瓶与火源间距大于 10m	
9	现场配备消防蒸汽带（ ）根，灭火器（ ）台，铁锹（ ）把，石棉布（ ）块	
10	其他安全措施： 编制人：	
审批	动火作业单位负责人： （盖章） 年 月 日 时 分	
	监护人： 年 月 日 时 分	
	运营部门： 年 月 日 时 分	
	管廊管理公司： 年 月 日 时 分	
完工验收	动火作业结束，检查确认无残留火源和隐患，灭火器放置原位，现场环境已清理，关闭作业。 运营部门： 年 月 日 时 分	

注：1. 动火作业人和监护人可填多个。
2. 动火作业人的特种作业证复印件附后。

动火作业票

<table>
<tr><td>编号</td><td></td><td>申请单位</td><td></td><td>申请人</td><td></td></tr>
<tr><td>动火装置,实施
部位及内容</td><td colspan="5"></td></tr>
<tr><td>动火人</td><td colspan="2"></td><td>监护人</td><td colspan="2"></td></tr>
<tr><td>动火时间</td><td colspan="5">年　月　日　时　分至　年　月　日　时　分</td></tr>
<tr><td>序号</td><td colspan="4">用　火　主　要　安　全　措　施</td><td>确认签字</td></tr>
<tr><td>1</td><td colspan="4">用火设备内部构件清理干净,吹扫置换或清洗合格,达到用火条件</td><td></td></tr>
<tr><td>2</td><td colspan="4">用火点周围(最小半径 15m)已清除易燃物,并已采取覆盖、铺沙、水封等手段进行隔离</td><td></td></tr>
<tr><td>3</td><td colspan="4">高处作业应采取防火花飞溅措施</td><td></td></tr>
<tr><td>4</td><td colspan="4">电焊回路线应接在焊件上,把线不得穿过下水井或与其他设备搭接</td><td></td></tr>
<tr><td>5</td><td colspan="4">乙炔气瓶(禁止卧放)、氧气瓶与火源间的距离不得少于 10m</td><td></td></tr>
<tr><td>6</td><td colspan="4">现场配备消防蒸汽带(　　)根,灭火器(　　)台,铁锹(　　)把,防火布(　　)块</td><td></td></tr>
<tr><td>7</td><td colspan="4">其他安全措施</td><td></td></tr>
<tr><td colspan="5">危险、有害因素识别:</td><td></td></tr>
<tr><td colspan="2">申请单位:

(盖章)
年　月　日</td><td colspan="2">运营部门审批意见:

年　月　日</td><td colspan="2">现场巡检人员确认:

年　月　日</td></tr>
<tr><td colspan="6">完工确认:　年　月　日　时　分动火作业结束,检查确认无残留火源和隐患,灭火器放置原位,现场环境已清理,关闭作业。

监护人:　　年　月　日　时　分</td></tr>
</table>

注：1. 每一个动火点需要单独办理作业票，每日施工完成后由监护人确认现场无安全隐患后方可离场。

2. 本票一式两份，一份留运营部门存档，一份现场动火人随身携带。

3. 本票过期作废。

入廊管线清场验收申请表

致：××××管廊管理公司 我公司______路______管线入廊作业已完成，已按行业规定验收完成，现申请予以清场验收。 申请单位(签字盖章)：________ 日　期：________	
验收情况：	
管线排放与入廊作业方案符合情况	
临时措施拆除与恢复情况	
作业场所清理情况	
成品保护情况	
其他	
管廊管理公司意见： 年　月　日(盖章)	

注：此表一式三份，入廊单位一份，管廊管理公司二份。

入廊作业安全责任书

施工路段：____________________

施工内容：____________________

入廊单位：____________________

施工期限：____________________

为了切实加强现场安全文明施工管理，依照《中华人民共和国安全生产法》等相关法律法规和《建筑施工安全检查标准》JGJ 59—2011 等标准规范的要求，签订本责任书。

入廊单位安全责任

1. 入廊单位本次项目施工负责人（姓名：__________；联系电话：__________）为入廊单位安全生产责任人，负责该项目入廊施工的日常安全管理工作，配备专职安全员姓名：__________；联系电话：__________）负责监管安全施工作业。

2. 遵守管廊管理公司提出的各种合理要求、各项法律法规、制度，不得违章指挥、违章作业、违反劳动纪律，并严格落实岗位责任制。

3. 进入管廊施工前，应严格遵守国家有关法律法规和管廊管理公司的各项安全管理制度，对进入施工现场所有人员，做好三级安全教育，安全技术交底，同时填写书面记录，提交管廊管理公司备案。

4. 入廊单位每次更换和调动人员，必须事先向管廊管理公司通报，并落实好各项手续，否则由此造成的一切后果和责任事故，由入廊单位承担。

5. 进入管廊施工前，须到管廊管理公司办理施工申请，提交相关施工方案（方案内容包括：现场物料堆场的设置、施工工艺、安全措施、应急措施、施工进度安排等内容。）和设计图纸、所有施工作业人员名单及身份证复印件、特种作业人员的专业资格证书复印件、安全员证复印件等（以上复印件加盖公章）。经审批同意后，到管廊管理公司办理管廊临时施工出入证后方可按规定进入管廊施工。

6. 严格遵守安全生产规章制度和管廊施工管理规定，自觉接受管廊管理公司的安全监督、管理、指导及纠违执罚，做好安全文明施工作业。

7. 入廊单位施工作业人员，必须遵守安全生产纪律，进入施工现场必须正确戴好安全帽，在作业中严格遵守安全技术操作规程，安全上岗，不违章作业，不擅离工作岗位，不乱串工作岗位。

8. 入廊单位所使用的施工机械必须要有相应的合格证书、检测报告等，并落实维修保养制度。机械设备现场要有专人管理，做到经常检查，发现问题及时整改。

9. 对管道吊装作业、管道焊接、焊接后的无损检测等复杂的和危险性较大的施工项目，应制订单独的安全技术措施，经管廊管理公司审查合格后实施。

10. 入廊单位如需使用管廊内设备、设施，或需在管廊内动火作业，必须提出申请并经管廊管理公司的审查同意，且对其安全防护措施有效性负责和承担相应安全责任。

11. 未经管廊管理公司允许，不得随意进入申请施工作业区域外的场所，不得触摸、启动电器等设备，否则应承担由此引起事故的全部责任。

12. 任何人员均不得在施工区、生活区打架斗殴、酗酒赌博以及做其他违法违规的事情。

13. 入廊单位每天作业完成后，要对作业面的工具、材料、垃圾进行整理、清扫、并拉闸断电，确保施工现场整洁、安全。

14. 严禁酒后上岗。因此引发的一切事故由入廊单位承担。

15. 入廊单位对施工现场安全生产负总责。任何人员、第三人在施工现场发生伤亡事故的，除依法由第三责任人承担责任以外，均由入廊单位承担全部责任。

16. 因入廊单位原因，造成管廊管理公司重大经济损失或受到有关行业管理部门经济处罚的，一切损失由入廊单位负责赔偿。

17. 不得安排未经有关部门培训、考核的人员无证人员和未在管廊管理公司登记备案的人员从事特殊工种作业。

18. 发生任何不安全情况和安全事故，应立即报告管廊管理公司。

19. 入廊单位对施工项目的安全作业及现场施工作业人员的人身安全负责。

20. 入廊单位应保护好管廊实体工程，如入廊单位在施工过程中对管廊实体发生损坏，由管廊管理公司确认后，入廊管线单位负责修复，管廊管理公司有权进行经济处罚，停止入廊单位施工作业。

入廊单位（盖章）：

负责人签名：　　年　月　日

参考文献

［1］ 城市综合管廊工程技术规范 GB 50838［S］. 北京：中国计划出版社，2015.

［2］ 城镇综合管廊监控与报警系统工程技术标准 GB/T 51274—2017［S］. 北京：中国计划出版社，2018.

［3］ 城市地下综合管廊运营维护及安全技术标准（征求意见稿）［S］.

［4］ 城市综合管廊运营管理标准（报批稿）［S］.

［5］ 王恒栋等. 综合管廊工程理论与实践［M］. 北京：中国建筑工业出版社，2013.

［6］ 郑立宁等. 城市综合管廊运营管理［M］. 北京：中国建筑工业出版社，2017.

［7］ 上海市城市综合管廊维护技术规程［R］.

［8］ 厦门市城市综合管廊管理办法［R］.

［9］ 南宁市市政管廊建设管理暂行办法［R］.

［10］ 上海市世博会园区管线综合管沟管理办法［R］.

［11］ 六盘水综合管廊项目管理办法［R］.

［12］ 西安市综合管廊项目管理办法［R］.